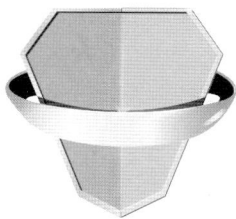

个人信息安全
——研究与实践

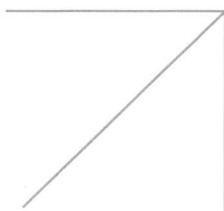

INDIVIDUAL

INFORMATION

SECURITY

STUDY AND

PRACTICE

人民出版社

责任编辑:高晓璐

装帧设计:艺和天下

图书在版编目(CIP)数据

个人信息安全——研究与实践/郎庆斌 孙 毅 著.
 -北京:人民出版社,2012.11
ISBN 978 - 7 - 01 - 011344 - 9

Ⅰ.①个… Ⅱ.①郎…②孙… Ⅲ.①计算机网络-隐私权-安全技术 Ⅳ.
①TP393.08

中国版本图书馆 CIP 数据核字(2012)第 246656 号

个人信息安全
GEREN XINXI ANQUAN
——研究与实践

郎庆斌 孙 毅 著

人民出版社 出版发行
(100706 北京市东城区隆福寺街 99 号)

北京新魏印刷厂印刷 新华书店经销

2012 年 11 月第 1 版 2012 年 11 月北京第 1 次印刷
开本:710 毫米×1000 毫米 1/16 印张:16.5
字数:260 千字

ISBN 978 - 7 - 01 - 011344 - 9 定价:39.00 元

邮购地址 100706 北京市东城区隆福寺街 99 号
人民东方图书销售中心 电话 (010)65250042 65289539

◎ 前 言 ◎

本书是继《个人信息保护概论》、《个人信息安全》后的第三本有关个人信息安全专著，它既是《个人信息保护概论》的先导，也是对近十年参与个人信息安全标准体系建设的理论研究和力行实践验证的总结。

本书试图构建个人信息生态系统的基本框架，并尝试基于个人信息生态系统研究个人信息安全的深层原因。在个人信息安全领域中，个人信息保护是研究与手段相关的法律适用、技术适用、管理适用、标准适用等的策略和方式方法。个人信息安全则应是以个人信息的生态环境为基本框架，综合、统一、系统、科学、完整地研究个人信息复杂生态系统的相互关联、相互作用和相互影响，及与个人信息生态相关的社会生态、社会形态、环境因素、技术进步、安全失衡等的安全策略、安全管理、安全机制等。

个人信息安全是随着社会进步、科技发展，特别是信息技术的发展，从信息安全领域衍生出的新的分支、新的研究领域。实现个人信息安全，需要基于个人信息生态系统，以有效、能动、可控、安全为目的，约束、规范针对个人信息及相关资源、环境、管理体系等的相关管理活动或行为，提高服务管理能力和服务管理质量。

本书在撰写中，修正了前两本著作中的一些概念、观点和实践验证中的问题，提出了个人信息生态系统和其他一些新的概念、思想，借以与个人信息安全研究者共同研究和探讨，以期探索符合中国国情的个人信息安全模式、理论基础和实践验证手段。

全书由郎庆斌撰稿，第六章、2.2节、4.1节、5.4节及附录部分由孙毅编写和组织。本书在编写过程中，中国社会科学院法学研究所吕艳滨先生审阅了部分章节，提供了有益的思路；也得到许多关注个人信息安全人士的大力支持和帮助，谨借此表示衷心的感谢。

大连交通大学

郎庆斌

2012年6月18日

目 录

centents

第一章

绪 论

信息与能源、材料并称现代文明的三大支柱，能源、材料是人类生存和社会发展的基本资源；信息则是区别于能源、材料的较为高级的、独立的资源，为人类提供知识和智慧。

信息是人类对客观存在的事物的反映，是对自然、社会的现象、本质、特征、规律的描述。信息的内涵和外延很宽泛，大到政治、军事、经济等，小到商业、企业、个人等，是人类生产活动、社会活动中的基本载体，承载以文字、符号、声音、图形、图像等形式，通过各种渠道传播的信号、消息、情报、资料、文档等内容。如近年来的禽流感、毒奶粉、汶川大地震、甲型H1N1流感等。

信息安全，顾名思义是保证信息的安全。信息安全是随着社会进步、科技发展，特别是信息技术的发展不断扩展、延伸和深化的。广义角度，信息安全是保证自然、社会相关信息的状态、信息所依附的管理、技术及安全体系免受威胁、侵害；狭义角度，各类组织的信息资源不因偶然的或故意的因素，非法或未授权泄露、更改、破坏，及信息内容不被非法控制、识别、篡改。

本书所涉及的信息安全，是IT安全和个人信息安全。

1.1　IT的概念

IT（Information Technology），信息技术，是信息化过程中，与信息产生、发送、传输、接受、处理、存储、交换、识别、控制等相关的应用技术。

信息技术，一般包括3个层次：

a．基础设备。支撑信息化的基础设备，包括网络设备、处理和传输设备、数据存储设备、安全设备、计算机终端等等及相关技术；

b．应用平台。承载信息化应用的软件系统，包括系统平台（windows、Unix等）、支撑软件（数据库系统、接口软件、工具软件等）、安全系统（病毒防护等）等等及相关技术；

c．应用系统。利用基础设备、应用平台解决各种实际问题的应用软件。包括科学计算、数据处理、知识获取、事物处理、辅助设计、业务管理等等及相关开发技术。

随着IT行业的分化、融合、发展、成熟，IT的语境（context）逐渐发生变化，由狭义逐渐延伸、扩展到广义。缩略语"IT"，已经不能简单地翻译为"信息技术"。如"IT标准"、"IT服务"、"IT运维"等，不能简单地翻译为"信息技术标准"、"信息技术服务"、"信息技术运维"。

"IT"语境所涵盖的，应该包括：

a．信息资源：

信息资源是各类组织逐步累积的信息、信息系统、生产、服务、人员、信誉等有价值的资产，是由人、信息和信息技术三元素构成的有机整体，是信息化的基本要素。根据信息资源的属性、特征，主要包括6类：

1．信息资产：各类组织运营、服务涉及的数据、信息等；包括科技资产（技术、专利、机密、创新等）、生产资产（运营、服务中形成的各种信息，包括各类数据库、相应文件、合同和协议、文档、成本相关的各种信息等）、市场资产（组织运营、服务的外部相关信息）、宏观资产（组织生产、发展的宏观环境信息）及管理资产（信息资产的管理）；

2．软件资产：支撑信息资产生成、处理、分布、存储、检索、传输、交换、管理等的各类软件系统，如系统软件、应用软件、支撑软件、开发工具、服务等及相应的技术资产（软件系统的管理、应用、维护、支持等）；

3．硬件资产：保障信息资产、软件资产安全、稳定、可靠运行的基础设施，如计算机设备、网络设备、通信设备、移动介质及其他相关设备等及相应的技术资产（硬件基础设施的管理、应用、维护、支持等）；

4．物理资产：保障组织运营、服务的工作环境安全的物理设施，如门禁、监控等及相应的技术资产（物理设施的管理、应用、维护、支持等）；

5．人员资产："人"是信息资源的核心，利用智力和信息技术，控制信息资源，协调相关的活动和行为。因而，人员资产是重要的信息资源，涵盖组织的各类员工以及人力资源管理；

6．无形资产：没有实体形态、具有潜在利益的信息资源，如商标、信誉等，也包括员工个人的姓名、荣誉、名誉、肖像等及相应的管理资产（无形资产的管理）；

b. 信息技术：

包括前述的3个层次。

c. 信息服务：

根据服务环境特征、服务内容特征，采用信息技术，基于信息资源提供的多种服务，主要由服务策略与方法、服务对象、服务周期和服务内容四个要素构成。其中，服务周期包括服务支持、服务提供和服务交付3个阶段。

信息服务可以分为3大类：信息传输服务、IT服务和信息资源服务（包括产业）。主要包括：系统集成、软件工程、服务外包（ITO、BPO、KPO等）、数据库、系统运维、增值业务、内容管理、电子印刷、信息产业及提供专业服务的专门公司等等。

信息服务的特点是以用户需求为导向，以质量管理为核心，以中间产品服务为形式，提供多样化的生产关系、市场化的经营方式和规范化的服务管理。

d. 服务过程：

采用信息技术，基于信息资源提供的服务，由服务过程形成产品，体现了人、信息、信息技术之间的关联，是服务周期、服务对象和服务组织之间行为和活动的整合管理。

e. 服务质量：

在采用信息技术，基于信息资源提供服务的过程中，实施全面质量管理，保证服务产品的可用性。

因而，"IT"已不仅仅是信息技术的缩写，表达的是一个宽泛的概念。

IT安全，是基于信息技术，以信息资源为核心，提供安全的信息服务管理环境。

1.2 信息安全简述

信息安全是一门涉及各种安全理论、技术和管理的综合性学科，包括计算机科学、计算机网络技术、通信技术、信息安全技术、信息资源管理技术、物理环境安全技术等，以及应用数学、信息论、管理科学等多个学科。

信息安全的基本目标包括：

a. 保密性：保证信息在存储、使用、处理、传输、交换过程中不会泄露，或无法理解真实含义；

b. 完整性：保证信息在存储、使用、处理、传输、交换过程中不被篡改，保持信息的一致性；

c. 可用性：保证授权用户合理、可靠、实时使用信息资源，不被异常拒绝；

d. 真实性：判断、鉴别信息来源的真实、可靠；

e. 不可抵赖性：保证信源与信宿对其行为的责任和诚实。

信息安全具有5个特性：

a. 信息安全的全面性。

根据传统的木桶理论，木桶是由许多块长短不同的木板制作的，木桶容水量大小取决于其中最短的那块木板，而不是其中最长的那块木板或全部木板长度的平均值。因此，提高木桶整体效应的关键在最短的那块木板的长度。

根据这一理论，在信息安全中，信息安全程度取决于系统中最薄弱的环节。但同时应看到，木桶是一个整体结构，其桶底的承载力、桶箍的耐受力和其他木板的合力，构成了木桶的整体效应。因此，桶底的承载力即是信息安全的基础，而桶箍的耐受力和其他木板的合力构成了信息安全的关键。在改善信息安全薄弱环节的同时，应在风险评估的基础上，构建信息安全整体框架，坚固信息安全的基础，加强信息安全的关键。

b. 信息安全的过程性和完整性

信息安全是一个动态的复杂过程，贯穿于信息资源和信息系统的整个生命周期。这个生命周期包括一个完整的安全过程，这个过程包括：系统的安全目标与原则的确定、系统安全的需求分析、系统安全策略研究、系统安全标准的制定、风险分析和评估、系统安全体系结构的研究、安全工程实施范围的确定、安全方案的整体设计、安全技术与产品的测试与选型、安全工程的实施、安全工程实施的监理、安全工程的测试与运行、安全教育与技术培训、应急响应等。

c. 信息安全的动态性

随着信息技术的不断发展，潜在的安全威胁越来越大，攻击和病毒的出现，越来越频繁，越来越花样百出。因此，安全策略、安全体系、安全技术也必须动态调整，使安全系统不断更新、完善、发展，能够在最大程度上发挥效用。

d. 信息安全的多层次立体防护

信息系统的威胁是始终存在的，应用和实施基于多层次立体防护安全系统的全面信息安全策略，采用多层次的安全技术、方法和手段，增加攻击者侵入所花费的时间、成本和所需要的资源，可以有效地降低被攻击的危险，达到安全防护的目标。

e．信息安全的相对性

信息安全是相对的，没有100%的安全。所有安全问题必须与相应的风险、成本和效益进行定性、定量分析。信息安全的多层次防护就是基于这一共识制定的策略、方案和承诺。

1.3　个人信息安全简述

广义的信息安全是保证自然、社会相关信息的状态、信息所依附的管理、技术及安全体系免受威胁、侵害。个人信息安全是随着社会进步、科技发展，特别是信息技术的发展，衍生出的新的分支、新的研究领域。

信息安全是介于自然科学、系统科学、数学与社会科学、哲学之间的新兴的交叉学科，根据其研究内容、理论和实践的特征差异，个人信息安全是一个重要的研究领域。

在个人信息安全研究中，涉及个人信息的形态、特征、系统演化、社会学意义，以及安全机制、安全技术、管理科学、安全评价等多个方向。

个人信息安全的基本目标，包括：

a．完整性：保证个人信息在收集、存储、管理、处理、使用、传输、交换等过程中，不被破坏、损毁。完整性包括：

1．识别因子的完整性。在个人信息中，可识别个人信息主体的关键因素，可以称为识别因子。个人信息主体是可识别的，其识别因子是唯一的；

2．参照元素的完整性。在个人信息中，识别因子之外的组成元素，可以称之为参照元素。参照元素可间接识别个人信息主体，也必须是完整的。

b．准确性：保证个人信息在收集、存储、管理、处理、使用、传输、交换等过程中，不被篡改，可以准确识别、描述个人信息主体。准确性包括：

1．过程保证。个人信息收集、存储、管理、处理、使用、传输、交换等过程，必须保证完善的质量管理，保证其科学性；

2．方法合理。个人信息收集、存储、管理、处理、使用、传输、交换等，必须保证其方法合理、有效；

3．来源可靠。必须保证个人信息来源真实、可靠。不能收集、存储、管理、处理、使用、传输、交换琐碎的个人信息。

c．时效性：

1．必须确定个人信息的保存期限；

2．必须适时更新，保持个人信息的最新状态。

d．不可抵赖性：保证个人信息管理相关行为的责任和诚实。

个人信息安全具有与信息安全类同的特性：

a．全面性：在风险评估基础上，构架个人信息安全整体架构，全面、全方位建设个人信息安全管理体系；

b．过程性：个人信息安全，体现在复杂的过程中。过程是依靠个人信息安全管理体系实现；

c．动态性；随着社会进步、科技发展，特别是信息技术的发展，安全风险、安全威胁在动态变化，个人信息安全管理体系必须动态调整，适时改进、完善；

d．多层次立体防护：个人信息安全的过程性和动态性，要求从管理、业务、环境、技术等多方面、深层次构建个人信息安全管理体系；

e．相对性：个人信息安全同样是相对的，没有100%的安全。

IT安全与个人信息安全是信息安全的两个分支，二者互为融合，互为依托。区别个人信息安全与IT安全的关键，在于：

a．个人信息安全是基于保证个人信息、个人信息主体权益的安全；

b．IT安全是基于信息资源安全展开的。

1.4　个人信息生命周期

生命周期是一个生命体从出生到成熟再到衰退的过程。生命周期理论运用于自然、生态、系统、管理、技术、人等，反映出生命周期各个不同阶段的形态特征。

个人信息生命是个人信息流动的过程，其周期则体现了服务管理过程中个人信息因关联因素、环境等的影响的演化过程。

当个人信息处于原始状态，未予收集时，表现为个人隐私，为自然人个人拥有。当个人信息被收集时，由于收集、处理、使用个人信息者的目的、范围不同，使个人信息的表现形态和存在方式出现差异，这种差异即是个人信息生命周期的表征。

当个人信息主体同意直接收集个人信息，即是个人信息生命周期的开始，启动个人信息管理者向个人信息主体提供服务管理的过程。

个人信息生命周期存在明显特点：

a．个人信息后处理过程。个人信息处理、使用后，不需继续保存、使用，生命周期终结；如需继续保存、使用，则开始新的生命周期；

b．个人信息生命周期可以是多重的。在一个个人信息生命周期内，可以形成新的生命周期，如间接收集应是个人信息生命周期中的一种存在形态的转换，亦是生命周期内存在的新的生命周期的开始。

个人信息生命周期可以分为3个阶段：

a．个人信息获取过程：

个人信息获取过程存在两种形式：

1．个人信息主体同意，基于特定、明确、合法目的，直接收集个人信息；

2．在新的生命周期内的直接或间接获取过程。

个人信息获取过程是个人信息安全的源头和核心。由于个人信息的多样性、个人信息收集目的的多种形态，在个人信息收集、处理过程中，存在着个人信息被滥用、泄漏、扭曲、损毁的威胁。因此，个人信息获取过程必须明确个人信息收集的目的，保证个人信息收集的质量；即使是公开信息的收集，也应设定明确的目的。

b．个人信息处理过程：基于收集目的的个人信息加工、使用、处置过程，当产生提供、委托、利用等活动或行为时，将形成新的生命周期。

个人信息处理过程可以划分为4种形式：

1. 个人信息处理包括编辑、加工、检索、存储、传输等不同的使用流程；

2. 个人信息处理包括提供、委托、交换等不同的利用过程；

3. 个人信息处理包括交易、二次开发等不同的利用过程；

4. 个人信息的后处理过程。个人信息处理、使用后，必须采取相应的安全处理措施，保证没有丢失、泄漏、损毁、篡改、不当使用等事件发生。

c. 基于生命周期的过程管理：在个人信息生命周期内，采用PDCA模式管理针对个人信息及相关资源、环境、管理体系等的活动或行为。

个人信息生命周期是个人信息管理者向个人信息主体提供服务管理的过程。在这个过程中，PDCA是质量控制的有效模式。PDCA是质量管理模式，但不是与其他相关因素割裂、无关联关系的实施。PDCA不仅仅运用于个人信息管理，也不仅仅运用于基于生命周期的过程管理……，而是与个人信息管理的整个流程融为一体。因而，基于个人信息生命周期的过程管理，是在个人信息管理过程中，采用PDCA模式，运用各种管理机制、管理策略，持续改进、完善个人信息管理过程。

1.5 安全和保护

安全和保护是一对孪生兄弟，安全是目的，保护是手段，当存在现实的或潜在的安全隐患时就需要采取相应的保护。

目的是依据环境、条件、需求等主观设定的行为结果，手段则是为实现目的，在对象性行为中，在主体与客体之间相应的资源的总合，是实现目的的方法和途径。

目的和手段相互关联和相互依存。目的的设定和实现，必定依赖相应的手段。与目的毫无关联，不能实际用于实现某种目的的手段，是毫无意义的。而目的如果没有手段的依托则是空泛的。目的推动手段的创新，手段的创新又推动目的的变革。

目的和手段是可以转化的。在一定的条件、时限、范围内，手段的创造可以转化为实现的目的；而已经实现的目的可以转化为新的目的的手段。但是，仅仅以手段作为目标，将可能导致目标的异化，使手段失去效能，变得毫无意义。

安全是目的，是在行为过程中避免、消除、控制危险或危害因素，保证行为主体的安全。目的是第一性的，手段的完善，需要基于正确的目的。在正确目的的导向下实现目的与手段的统一。

在个人信息安全领域，个人信息保护是以手段（保护）为目的，研究与手段相关的法律适用、技术适用、管理适用、标准适用等的策略和方式方法。个人信息安全则应是以个人信息的生态环境为基本框架，综合、统一、系统、科学、完整地研究个人信息复杂生态系统的相互关联、相互作用和相互影响，及与个人信息生态相关的社会生态、社会形态、环境因素、技术进步、安全失衡等的安全策略、安全管理、安全机制等。

个人信息安全的涵义，就是以安全为目的、以个人信息资源为核心，以服务管理流程为导向，构建相对稳定、动态平衡的个人信息生态系统，保证系统的正向、有序演化，保障在社会生态系统中个人信息主体权益。个人信息生态系统与社会生态系统是相互关联的，个人信息安全是复杂系统特性与社会生态系统相互作用、相互影响的过程。

个人信息保护，强调以法规或标准确立的规则为导向，引导手段（目标）的实现。大量的安全事件说明，关注规则的建立，易于忽视规则的存在，流于形式，如：

a．缺乏明确、清晰的目标，过程中大量的细节可能偏离规则的设定。

b．规则理解的多样性，使过程中规则的应用效能弱化或过度；

c．规则的缝隙或规则的缺失，滋生新的安全威胁；

d．缺少规则修复机制；

e．……

个人信息保护规则的确立，是实现个人信息安全的一种手段。在个人信息安全目标下，基于个人信息生态系统，逐渐改进、完善、发展。

1.5 管理和安全

安全是管理的目的，管理职能是实现安全的手段。个人信息管理是以有效、能动、可控、安全为目的的、针对个人信息及相关资源、环境、管理体系等的相关活动或行为，通过约束、规范管理行为或活动实现个人信息安全。

1.5.1 管理职能

管理是一种活动或行为，法国人法约尔（Henri·Fayol）将管理定义为五种特定类型的活动：计划、组织、指挥、协调和控制。以实现目标服务为目的，通过这些活动，有效组织和协调各类资源，保证目标的实现。

美国管理学家赫伯特·西蒙（Herbert A·Simon）从计划职能中分化并提出了决策职能。他认为管理的核心是决策，决策贯彻于管理的全过程。决策过程从确定目标开始，寻找为实现这个目标可供选择的各种方案，比较并评价这些方案，选择并作出决定；然后执行选定的方案，进行检查和控制，以保证实现预定的目标。

管理的职能定义了管理行为的性质和类型。个人信息管理是以占有、利用个人信息为目的的管理行为。根据管理学理论，个人信息管理者收集各类个人信息，根据收集目的、相关资源、环境、条件等，使用、处理个人信息，协调、组织相关资源需求与个人信息管理的符合性，采取相应的控制策略和控制措施，保证个人信息的安全。个人信息管理即针对上述活动或行为进行管理。

法约尔及之后的许多学者定义的管理的职能，同样适用于个人信息管理。根据这些定义，个人信息管理的职能大致可以分为5个：

a. **决策与组织**：决策与组织贯穿于管理的全过程。决策的内容主要是选择管理的目标，确定管理行为。在选择目标的决策中，强调与个人信息主体的符合性、一致性和主观性，个人信息管理工作中的各种行为和相应的手段，限定在个人信息主体同意的范围内，保证个人信息管理的有效性、合法性。

组织是个人信息管理者根据个人信息收集、使用的目的，有效管理个人信息的行为或活动。组织行为具有目标一致性、原则统一性的特点。组织的形式多种多样，可以根据决策设计和调整组织的结构、个人信息收集、使用的分类、管理者的职责和行为、内部自律规范等。

b. **规划与人事**：规划是在决策目标确定后，对个人信息管理行为或活动的预先设计。论证个人信息收集、使用的目的、过程等，保证与个人信息主体的一致性、符合性；确定可能出现的各种风险的应对策略，为实施控制提供依据。

个人信息管理人员的行为是保证个人信息安全的关键因素。根据决策和规划，定义个人行为准则，明确责任和职能，保证个人信息管理过程中个人行为的规范。

同时，必须规范全体员工的意识和行为，明确个人信息安全的重要和必要、个人信息与个人信息主体权益的关系、个人信息主体权利、个人信息管理者的义务等，维护自身权益。

c. **控制与监督**：控制是对个人信息的管理活动、行为及后果实施制衡和修正，以保证与个人信息主体的符合性和一致性；并监督过程中目的、范围、手段和方法、修正、权利和义务等各个方面，保障个人信息主体的人格利益。

d. **协调与沟通**：个人信息管理者与个人信息主体之间的关系，需要协商、调解，使双方和谐地配合，既保证个人信息主体的利益，也有利于个人信息的自由流动。

在协调中，需要双方采取各种方式，包括语言的或非语言的形式进行沟通，以在双方之间传递和理解管理的意义。

协调与沟通的基准，是保障个人信息主体的人格利益不受侵犯。

e. **评估**：在个人信息管理中，应随时对个人信息收集、使用的目的、范围、手段和方法、风险因素等多个方面进行评估，提出修正或补救措施、应对策略，避免对个人信息主体的人格利益的侵犯。

1.5.2 服务管理

1.5.2.1 服务的概念

服务是一组活动或行为及相关的管理过程。服务活动或行为是相互的，既满足服务对象的事务、工作、生活等多方面需求，服务者在服务过程中也可以获得相应的收益（这种收益可能是多方面的）。

以企业在业务活动中所涉及的个人信息为例：

a. 企业接受含个人信息的业务订单，提供评估、加工服务；

b. 客户获得评估、业务成果。

评估是相互的，客户评估企业资质、能力、信誉、个人信息安全度等；企业评估客户的真实性、可靠性、业务加工的可行性、个人信息安全风险等。企业与客户之间签订服务合同，约定服务目标、职责等。

因而，服务是服务提供者与服务对象之间的交互，以实现服务的价值、创新和服务的进步。

著名的服务管理专家克里斯蒂·格罗鲁斯（Christian Gronroos）将服务定义为：服务是由一系列或多或少具有无形特性的活动构成的一种过程，这种过程是在客户与员工、有形资源的互动关系中进行的，这种有形资源（有形产品或有形系统）是作为客户问题的解决方案提供的。

格罗鲁斯的服务定义包括3个特性：

a. 服务是由一系列活动构成的过程。服务过程是服务产生和交付的过程，在产生和交付中发生的、基于客户需求的行为、活动、结果构成服务。如上例，企业接受含个人信息的业务订单，在业务处理过程中所提供的个人信息管理、存储、加工等行为和相应的活动，以及业务成果，就构成了服务。

b. 服务具有无形的特性。服务的许多因素是无形的、不可见的。客户在获得服务前，可以通过知识、经验、描述等了解、评估服务质量，但不能确定和明确描述所获得的服务；获得服务后，不能立即感知服务质量，作出客观的评价。如上例，个人信息主体同意提供个人信息后，并不能确定企业在业务处理中如何提供服务；企业获得含个人信息业务订单后，个人信息主体也并不能明确衡量其提供服务的质量，无法作出客观的评价。

服务的无形特性不是绝对的。在现实生活中，许多服务具有某种有形的特征，如产品与服务的捆绑销售，产品作为服务的载体发挥效能。这种情况在个人信息管理实践中也并不鲜见。

c. 服务与生产、传递、消费同步、互动。服务的生产过程与服务的消费过程是同步的，客户在服务提供和服务接受的互动中感知服务质量。因此，客户必须参与服务的生产过程才能消费服务的价值。

随着IT产业的发展和应用，社会、经济形态向服务形态演化。服务的基本特征，是构建均衡的服务生态环境，并在服务生态演化过程中，将服务需求转化为服务要素间的相互关联、作用和影响。

1.5.2.2 服务管理

服务管理是基于基本的管理理论和方法，依据服务特性、管理、优化服务、服务过程及相关资源。

服务管理的核心是服务质量。格罗鲁斯认为，服务质量取决于客户对服务质量的预期（即预期质量）与实际感知的服务水平（即体验质量）的比较。如果体验质量符合或高于预期质量，则服务质量较高；否则，服务质量较低。

格罗鲁斯将服务质量细分为结果质量和过程质量。

结果质量是客户接受了什么服务，表示产出质量，即服务结果。由于结果质量主要涉及技术服务提供，所以又称为技术质量。结果质量是有形的，可以通过客观的标准评估，因而，结果质量的衡量也是客观的。

过程质量是客户如何获得或接受服务。过程质量难以用客观标准衡量，更多的是根据用户的主观感受评价。与结果质量相比，过程质量更为复杂，它强调的是服务过程中的功能消费，因此，又称为功能质量。

在服务过程中，服务消费不仅仅是服务结果消费，服务过程消费尤其重要。服务提供者与服务消费者在服务提供与服务消费的互动中形成客户感知的服务质量。因此，服务过程的质量管理，对客户感知的整体服务质量有很大影响。

服务质量与服务能力密切相关。服务能力是整个服务周期内、服务组织内各类资源的转换能力和管理职能的体现。服务管理是通过服务能力感知服务质量的过程。

提高服务质量需要形成有效的内部管理机制和服务体系。服务是无形的，但与服务相关的服务环境、人员、设备、技术、信息等是有形的，通过客户的认识、感知、理解，了解和认识企业。因此，有效的内部管理机制和服务体系必然影响客户对服务质量的感知，引导客户形成合理的预期质量。

个人信息管理是个人信息管理者向个人信息主体提供服务的过程，这个过程构成个人信息全生命周期，包括个人信息获取过程、个人信息处理过程、基于生命周期的过程管理三个阶段，通过计划、组织、协调个人信息资源需求与个人信息主体的符合性，采取相应的规范化、系列化控制策略和控制措施，保证个人信息的安全。

在服务过程中，个人信息主体通过与个人信息管理者的互动，感知服务质量，认知个人信息管理者在管理服务中的个人信息管理策略、管理机制、方式方法等。

在提供个人信息管理服务的过程中，个人信息主体不仅关注个人信息管理者提供的个人信息管理服务，更加关注是如何获得服务的。如个人信息主体的权利、个人信息管理者的义务、个人信息收集目的的正确性，以及个人信息的正确性、完整性等是如何保障的。只有个人信息主体参与个人信息管理服务，加强服务过程的质量管理，尽可能减少因服务差错造成的个人信息管理失误，为个人信息主体提供更安全的服务环境，才能提高或达到个人信息主体的安全需求。

第二章
概念研究

在个人信息相关问题研究中，涉及个人信息的形态、特征、系统演化、社会学意义等，这些问题是研究相关标准、法规的基础。

2.1 形态

2.1.1 什么是形态

形态是存在于空间或意识中的一种状态。如自然界的存在，山、鸟、树……，是客观存在的形态认知；根据神话传说描绘的图像，是人类的美好想象，是主观创造的形态认知。因而，形态是事物的外在形式，描述事物内部和外部特征。

信息与人类的历史一样久远，人类自诞生以来就在利用信息。在对信息的利用中，人类是通过形态认知逐渐发展的。如"结绳记事"，据《周易·系辞下传》载："上古结绳而治，后世圣人易之以书目契"。东汉郑玄在《周易注》中道："古者无文字，结绳为约，事大，大结其绳，事小，小结其绳"。可见，在远古的华夏土地，先民们通过对"结"的认知，表达或记录数字，或记忆某些事情。

历史上仓颉造字的传说，说明形态认知在文字发明中的重要作用。黄帝统一华夏之后，感到用结绳记事的方法，远远满足不了要求，就命他的史官仓颉想办法造字。于是，仓颉就在当时洧水河南岸一个高台上造屋住下来，专心致志地造字。可是，他苦思冥想了很长时间也没造出字来。有一天，仓颉正在思索之时，只见天上飞来一只凤凰，嘴里衔的一片树叶落下来，正好掉在仓颉面前，仓颉拾起来，看到上面有一个蹄印，可仓颉辨认不出是什么野兽的蹄印，就问正巧走来的一个猎人。猎人看了看说："这是貔貅的蹄印，与别的兽类的蹄印不一样，别的野兽的蹄印，我一看也知道"。仓颉听了猎人的话很受启发。他想，万事万物都有自己的特征，如能抓住事物的特征，画出图像，大家都能认识，这不就是字吗？从此，仓颉便注意仔细观察各种事物的特征，譬如日、月、星、云、山、河、湖、海，以及各种飞禽走兽、应用器物，并按其特征，画出图形，造出许多象形字来。

人类的认知能力，是对所看到的事物（形态），首先确定一个范畴，然后，确定事物的属性。如看到蹄印，可以确认是"野兽的蹄印"，根据其特征，确定是"貔貅的蹄印"。仓颉造字，即是人类认知能动性的飞跃。

形态与内容是不可分的，内容是构成事物各个要素的总和，形态则是统一内容各要素的结构和外在表现方式。形态不变，内容可以多样性；内容相同，形态也可以多样性。如同样形态的碗，可以是不同材质，可以盛不同的内容物；而同样的内容物，可以盛在不同形态的容器中。

2.1.2　个人信息形态

如前节述，事物是以固定的形态存在，不论是空间状态还是主观状态。信息同样也具有形态，它是以文字、数据、声音、图形、图像等形式记录的形态。

个人信息是由基于自然人的基本特征展开的自然情况、家庭关系、社会背景，包括生命、身体、健康、名誉、荣誉、肖像、隐私、自由、精神等人格要素构成的，其形态是人格要素的空间存在和记录。

a. 作为个人信息的主体，其生物特征是自然人空间存在的形态。自然人作为生命体，其生物信息：面部、身体、指纹、手纹、虹膜、语音、DNA等，构成了自然人的基本形态。当采集头发、血液、唾液、皮肤等任一处人体细胞，记录自然人的生物遗传特征时，自然形成了自然人在社会生存空间中的基本形态；

b. 自然人是基于自然规律出生并具有民事权利和义务，即被法律赋予民事主体资格，是法理意义的民事主体。在社会实践中，作为社会一员构成基本的社会形态。它记录了基于自然人的基本特征展开的自然情况、家庭关系、社会背景，包括健康、名誉、荣誉、肖像、隐私、自由、精神、社会活动等等。

构成可以直接或间接识别自然人主体的个人信息包括：姓名、性别、出生日期、血型、生理特征、健康状况、身高、住宅地址、职业、教育、分派给个人的号码、标志及其他符号（身份证号码、社会保险号等）等等，均是围绕自然人的基本特征展开的。以各种形式记录的形态是多样的，如：

• 完整的个人信息形式：

姓名	性别	年龄	出生日期	身份证号码	教育程度	职业	……

可以勾勒出完整的自然人形态；

• 部分可识别的个人信息形式：

姓名	身份证号码	教育程度	职业

可以勾勒出自然人的基本形态；

• 琐碎的个人信息形式：

职业、教育程度

年龄、性别

姓名

身份证号码

……

琐碎的个人信息，可能毫无关联、可能无关个人隐私。但如果认真、精心收集、整理，也有可能拼接、组合成较完整的个人信息，形成自然人的基本形态。这种形态可能接近真实，但有可能是扭曲的。

• 敏感的个人信息形式：

敏感的个人信息是一些特殊的人格要素，是自然人具有的特殊的隐私，如身体障碍、精神障碍、犯罪史及相关可能造成社会歧视的信息健康、医疗及性生活的相关信息等可以勾勒出自然人隐秘的意识形态。

可以看出，虽然存在各种形态的个人信息，其内容均与自然人的基本特征相关。各种形态的个人信息，存在于各种业务流程、各类社会形态的管理活动、与社会及各色人等的接触中。

个人信息可以被感知，是客观的、依附于个人信息主体存在。但是，割裂人格要素间的关联，零散、琐碎的信息不能映射真实的个人信息形态，必须获得可唯一识别个人信息主体的元素。因而，个人信息是无形的。

记录个人信息的形式，可以采用常用的数学运算，如编辑、修改、删除、更新、排序、插入等改变，但所描绘的自然人的基本形态不会改变。

与信息一样，记录个人信息形态的基本形式，包括：

文字：书写的语言，以纸媒介保存的个人信息，可以用手书写，也可以机器印刷、计算机打印。用文字描述自然人的基本形态；

数据：可以是数字、字符、符号等。是客观事物的属性及相互关系和关联因素的抽象表示，适于自动或非自动的方式保存、传递和处理。如文字、声音、图像在计算机里被简化成"0"和"1"时，它们便成了数据；

声音：作为一种物理现象，声音是由物体的振动产生的。基于声音产生和传播的原理，声音是人体器官能直接感受和理解的一种记录信息的类型，并辅之以相应的录制工具；

图像：是基于各种观测系统以不同形式和手段观测客观世界获得的形态，并直接或间接作用于人眼，进而产生视知觉的实体。人的视觉系统是一类观测系统，通过它得到的图像就是客观事物在人的意识中形成的空间形态。

文字、数据、声音和图像可以相互转化，数据是基本载体。在自动处理中，文字、声音、图像均可以数字化。

个人信息的基本形态，包括：

a．识别因子。在识别型个人信息中，可以唯一识别个人信息主体的元素，可以称之为识别因子。识别因子包括2类：

1．可以直接识别。识别因子是唯一的，可以直接确认个人信息主体；

2．可以间接识别，即通过多个元素构成复合识别因子，间接地唯一识别个人信息主体。

如姓名，在中华文化中不是唯一的，重名重姓比较常见，则需要与其他元素，如出生日期等组合成复合识别因子，间接确认个人信息主体。

识别因子的判断，存在逻辑子集，即 "真"或"假"、"是"与"否"或"存在"与"不存在"。

b．可运算。依据个人信息构成中数据元素的逻辑关系，可以实施运算。常用的数据运算包括：编辑、检索、修改、删除、更新、排序、插入等。如在个人信息数据库管理中，可以依据一定的规则，采用各种排序方法，组合数据库中保存的个人信息。

c．互关联。在个人信息构成中，各个数据元素之间的逻辑关系是相互关联、相互依存的。识别因子与参照元素之间相互关联和依存，所有参照元素依附于识别因子，存在相互关联的逻辑关系。

当个人信息处于原始状态，没有收集、处理、使用时，是个人隐私，其基本形态是静止的，仅依从自然人身体、生理、精神、社会等的改变而变化；当个人信息被收集、处理、使用时，由于目的、范围、方式、方法不同，使个人信息的表现形式和存在方式出现差异，其形态表现为多样态变化。

2.2 特征[1]

1995年欧盟颁布的《个人数据保护指令》是比较有代表性的，它将个人信息（个人数据）定义为："有关一个被识别或可识别的自然人（数据主体）的任何信息；可以识别的自然人是指通过身份证号码或身体、生理、精神、经济、文化、社会身份等一个或多个因素可直接或间接确定的特定的自然人。"这个定义精练地概括了个人信息的主要特征。

2.2.1 主体唯一性

在西方的法律条文中，"Subject"是哲学名词，强调人是事物的主宰。依据其语境，可以翻译为"主体"。个人信息的主体，是具有社会性的、从事实践活动的自然人。自然人在社会实践活动中认知的与个人隐私相关的个人数据资料，经过加工、筛选、整理、改造，逐步感知与个人密切相关的、私人的、非公开的信息，是个人的私密，依据这些信息可直接定位于特定的主体，因而，关系个人的隐私和人格，不希望他人干涉或介入。

从民法角度，主体是享受权利和负担义务的公民（自然人）。在欧盟颁布的《个人数据保护指令》中，将个人信息的主体定义为自然人。

自然人是基于自然规律出生并具有民事权利能力的人。首先是基于自

1　本节节选自《个人信息保护概论》，略有修改。

然规律出生、具有生物学意义和法理人格；其次是被法律赋予民事主体资格。人作为生命体存在，是人的自然属性，成为法理意义的民事主体，是人的社会属性和法律属性。

自然人与公民是内涵与外延完全不同的两个概念。公民是具有一国国籍的自然人，而自然人则不仅是一国的公民，也包括其他国家公民或无国籍公民，其外延更宽泛。

自然人具有民事主体资格，即具有独立人格，享有民事权利并承担民事义务；享有"人之作为人所应有"的人格权。人格权是以维护人格主体自身的独立人格利益所必备的生命健康、人格尊严、人身自由、个人隐私、个人信息等的各种权利。

一词的英文personality，源于拉丁语Persona，是指演员在舞台上戴的面具，引申为演员所扮演角色的特征，可以表示为权利义务主体的各种身份。广泛应用于心理学、伦理学、法学等领域中。

我们讨论的是法学意义上的人格，是"人的可以作为权利、义务的主体的资格"（辞海释义），是个体社会化的结果。因此，人格的本质是人的社会性。个人名誉、荣誉、肖像、个人隐私、精神自由等是以人的社会活动和实践为核心的人格利益。

人格决定人格权，实现和维护自然人的独立人格，是人格权存在的基础。人格利益则是人格权的客体。自然人是个人信息的主体，享有独立的人格利益必需的权利和义务。实现个人信息主体的人格，必须尊重个人的自由、尊严和价值，促进个人的发展与完善。

自然人的人格权具有纯粹的人身依附性，不能转让和继承。因此，个人信息主体的自然人属性，决定个人信息的主体是唯一的，依附于主体的属性存在，不能转让和继承，其人格利益也只能由主体唯一拥有。

传统的人格权，包括物质性人格权和精神性人格权。现代社会中，人格权的发展，反映出人格利益的商品化和多元化，又形成了经济性人格权，又称商事人格权。社会的发展、科技的进步，特别是信息技术的发展，使人格利益具有了商业价值和经济利益，促使人格权的维护由消极转向能动，积极追求人格权的控制，以适应信息时代网络隐私权的特点。

权利和义务是对立统一的，没有无义务的权利。人格权的义务主要包括三个方面：

a．国家有保护自然人的人格权的义务。人格权是自然人的基本权利，国家有尊重和保护的义务，使自然人的基本权利得以实现。

b．自然人在维护自身的人格权的同时，也有义务接受法律允许的监督、审查等。自觉遵守国家的法律和制度，也是人格权的基本义务。

c．自然人有义务尊重和保护他人的人格权。人格权是绝对的，不能随意侵害他人的人格权。

当自然人同意其个人信息可以作为数据收集、处理、使用时，则凸显其享有人格权和法律赋予义务的主体地位，强调主体权利的唯一性。

个人信息主体与个人信息管理者（个人信息使用者、个人信息处理者等）不同。个人信息管理者是合法、有目的、经个人信息主体明确同意收集、使用、处理个人信息的用户，不发生权利转移，该个人信息的属性并未改变。

个人信息为个人信息的主体拥有，是个人信息的主要特征，也是个人信息安全的重要前提。

2.2.2 主体可识别性

个人信息的可识别性，是可以依据个人信息的形态，经过判断确定个人信息的主体。可识别性是个人信息的重要特征，是明确个人信息内容和范畴的客观标准。

2.2.2.1 个人信息的属性

我们在2.2.1节论述了主体的自然人定义。自然人是基于自然规律出生的、具有生物学意义和法理人格；并被法律赋予民事主体资格，具有人的社会属性和法律属性。因此，自然人所具有的基本特征构成了个人信息的基本要素。

根据自然人的定义，个人信息也具有了不同的属性。一个自然人的个人信息主要包括个人的自然情况、与个人相关的社会背景、家庭基本情况，以及加工处理后的数据等。

个人信息的属性可以分为两类：

首先是自然人（个人信息主体）的自然属性和自然关系的继承。自然人作为生命体存在，其所具有的生物信息，如指纹、手纹、虹膜、语音、面部、DNA等，及其人伦关系，是人的自然属性。这些生物信息是自然人的基本特征，构成个人信息的基本元素。

生物特征是与生俱来、独一无二的，生物特征外部形态的信息化处理，促进了生物信息的大量应用。自然人的自然属性，使人的生物信息具有明显的法律特征。

例如，采集头发、唾液、血液、皮肤等任一处人体细胞，使用DNA检测技术，就可以记录自然人的生物遗传特征，并据此识别特定的个人。采集、处理过程，存在着相应的法律关系。

生物信息的唯一性和不变性，保证个人信息主体的可识别性。是个人信息的基本属性。

其次是自然人（个人信息主体）的人格特征的反映。自然人是法理意义的民事主体，具有独立的人格，其本质是人的社会属性和法律属性。人格特征反映了自然人在社会活动和实践中的社会地位、社会关系和所扮演的角色。

社会属性是基于自然属性形成的，是人作为社会一员所具有的形态和特征。作为社会的个体，自然人人格的社会属性除先天遗传因素外，是在人与人之间的相互作用和制约中逐渐形成的。

法律属性则是自然人基于法理意义的民事主体应有的权利和义务。作为社会的个体，自然人人格的法律属性是自然人的主体资格及应享受的民事权利和应承担的法律义务。

反映人格特征的个人信息主要包括基于个人的基本特征展开的自然情况、家庭关系、社会背景以及个人名誉、荣誉、肖像、个人隐私、精神自由等。也包括在社会活动中留存于各种公共领域的各种信息，如户政信息、医疗信息、纳税信息、学生信息等等。

社会属性和法律属性是人格特征的本质，在社会实践和活动中，可能以各种不同的形式呈现。是个人信息的另一种属性。

属性之间是相互关联的。自然属性是社会属性的基础，又依存于社会存在，在社会活动和社会实践中，逐渐融于社会。因而，个人信息的属性是相互制约又相互依存的。

2.2.2.2 直接识别和间接识别

识别是国际私法中的一项法律制度，是借助所掌握的知识，对客观存在的事实进行分析判断、归纳推理，揭示其本质和规律的过程。

在国际私法案件中，依据不同国家的法律观念和法律概念，对案件事实定性或归类，会产生不同的处理结果。德国法学家卡恩（Kahn）和法国法学家巴丁（Batin）分别于1891年和1897年提出了"识别问题"，其基本功能是根据特定的案件确定法律适用问题。

在人类的思维活动中，识别是普遍存在的现象。在识别型个人信息定义中，个人信息实践的本质是个人信息主体的识别。如前所述，自然人（个人信息主体）具有社会属性。作为社会的个体，其社会属性是在人与人之间的相互作用和制约中形成的。在作用和制约中，构成了复杂的社会关系。个人信息主体的识别，是为保证个人信息的安全，规范各种社会关系利用个人信息所必须的策略和手段；是依据个人信息的基本形态，分析判断、归纳推理，以揭示个人信息的属性。

在个人信息安全领域，识别是确认个人信息主体的逆向认识过程，即首先识别已知的个人信息的基本形态，通过基本形态映射的内容和属性识别主体。在这个过程中，不仅仅确认个人信息的主体，也包含两个相互依存的关系：

a．个人信息利用目的识别。识别个人信息主体的同时，应明确个人信息使用、处理的目的；明确相关法律的含义，包括个人信息利用的范围；

b．个人信息完整性识别。在识别个人信息主体时，应确认个人数据资料的真实性、完整性、准确性。在个人信息利用目的符合法律规范的前提下，保证个人信息主体的人格权和主体的唯一性。

在个人信息安全领域中，识别的对象是个人信息的主体，这是基于事实的识别。如前述，识别过程包含两个相互依存的关系，因而，识别的意义在于确认个人信息主体的权利和义务。依据基本形态的识别，是识别的手段和方法，识别的最终目的，是明确个人信息主体的人格利益和法律制约。

个人信息主体的识别，分为直接识别和间接识别两类：

a．直接识别：可以根据识别因子直接确认个人信息主体。个人信息涵盖自然人个体的生物信息（生理的、心理的）、社会的、经济的、家庭的等等。在这些个人信息中，根据客观事实可以明确与客观存在之间的关系，即个人信息与个人信息主体之间的关系，是直接识别。如，生物信息、肖像、姓名（在重名的情况下，需借助其他个人数据）、身份证号码等，可以通过感官（如听觉、视觉、嗅觉等）直接识别个人信息主体。

b．间接识别：可以根据复合识别因子识别个人信息主体。在个人数据资料中，某些个人信息单独使用时无法明确识别个人信息主体，但可以采用各种手段，组合各种复合识别因子对照、参考、判断、分析确定。如职业、学历、习惯、爱好、兴趣等。

2.2.3 主体的价值取向

个人信息的属性决定了个人信息是有价值的资源。由于个人信息具有的可识别特性，可以非常方便地了解个人信息主体的个人喜好、生活习惯、个人需求等，从而创造可能的获得利润的机会。

个人信息主体的价值取向是个人信息主体的人格利益的体现，是个人信息的显著特征。

2.2.3.1 自然人的人格利益

自然人是基于自然规律出生的生命体，具有生物学意义和法理人格，享有维护人格主体自身的独立人格利益所必备的生命健康、人格尊严、人身自由、个人隐私、个人信息等的人格权。

人格利益是人格权的客体，是自然人与生俱来的人身权益，与作为民事主体的自然人密不可分。自然人的人格利益由生命、身体、健康、姓名、名誉、荣誉、肖像、个人隐私、人身自由等作为人不可或缺的人格要素构成。

在传统的人格权理论中，更强调人格利益的精神权益的保护。随着社会的发展、市场经济的建立，特别是科学技术的进步，人格利益具有了更多、更直接的商业价值和经济利益，反映出人格利益的商品化和多元化。

自然人人格中包含经济利益、具有商业价值的特定的人格利益兼具人格权属性和财产权属性，是自然人在现代社会经济活动中其人格要素商品化、利益多元化的现实反映。在现代社会经济活动中，社会经济需求的旺盛，促使商业机构为谋求市场价值、商业利益，公然攫取、擅自开发人格要素的财产价值，从而使人格要素的商品化利用成为必然，并将持续。

如前所述，自然人的人格权具有纯粹的人身依附性，不能转让和继承，其人格利益也只能由主体唯一拥有。但是，构成人格利益的人格要素具有财产权属性后，在商业化使用中，其无形的物质性财产权益，可以表现为经济利益。如姓名是自然人的人格要素，是不可转让的。但是，当姓名用于经济活动时，如使用许可、信用投资等，就具有了价值，可以转让或继承。

人格利益的人身依附性，使人格要素的财产权属性与权利主体紧密相连，以主体的人格为存在基础。因此，人格要素的商业化转让，不发生权利主体的权利转让，人格利益仍由主体唯一拥有，只在主体授权许可的范围内，发生人格要素的使用权转让。

个人信息是人格利益的反映，人格要素构成了个人信息的要件。因此，个人信息具有无形的财产权益，具有商业价值。个人信息的商业价值的挖掘，展现的是现代经济社会人格利益的价值特征。

2.2.3.2 虚拟空间的人格利益

科技的进步和信息技术的迅速发展，计算机网络系统为人类构建了一个巨大的虚拟空间。在这个空间中，任何人都可以以实名（现实生活中的自然人）或匿名（现实生活中不存在，只存在于网络虚拟世界中）方式在网上活动。

虚拟空间拓展了人类生存活动的空间，权利主体在虚拟空间的活动中虚拟化。个人的网络行为和活动、个人网站、电子商务活动、电子游戏活动、电子邮件等在虚拟空间产生的特有的个人信息，以及个人的基本信息等都可以很容易地监控、收集、利用。

在虚拟空间中，自然人主体在网际交往中虚拟化，成为虚拟主体。虚拟主体具有双重性：虚拟空间的虚拟属性和自然人属性，虚拟属性的实质是自然人属性。

虚拟的网络空间使网络的存在形式是无形的，虚拟主体可以以各种形式参与网络活动。但虚拟主体的网络行为，是虚拟主体背后的真实的自然人的真实行为的体现，它反映了自然人的意识、意志。虚拟主体的虚拟个人信息，是自然人意志的体现。如虚拟网名，是自然人专有的虚拟主体身份，可以根据自然人的意愿更换或转让。虚拟主体与真实的自然人是不能割裂的。因此，虚拟主体仍体现出自然人的人格权益。

如前所述，自然人的人格权的客体是自然人的人格利益，由生命、身体、健康、姓名、名誉、荣誉、肖像、个人隐私、人身自由等人格要素构成，是自然人的基本利益。在虚拟空间中，虚拟主体人格权的客体是虚拟主体的人格利益和自然人的人格利益的重合。虚拟主体的人格利益是真实主体的人格利益在虚拟空间中的映射和延伸。虚拟客体的双重性，具有自我、自由、创新、独立的特征。

由于虚拟客体的双重性，虚拟主体的网络行为所产生的个人信息，如在网上购物中提交的个人数据资料，可能对商家、经营者等产生经济利益，带来商业价值。因此，虚拟客体的人格要素具有财产权属性。但在虚拟空间中产生的个人信息，是一种无形财产，也不存在权利主体的有形占有，它依附于权利主体，其权利是不可转让的。

虚拟空间中，虚拟主体的个人信息是真实的自然人的人格利益的体现，其商业价值的挖掘，同样是现代经济社会人格利益的价值特征的展现。

2.3 系统演化

将个人信息放大到社会大系统中，研究个人信息形成、发展、变化与社会系统的相互关联、相互作用和相互影响，有助于揭示个人信息安全的深层原因。

2.3.1 系统研究

2.3.1.1 社会系统

自然人作为社会的个体，其个人信息依然是依存于社会环境存在的。在社会大系统中约束和规范自然人的社会活动和实践。

社会是一个整体，在这个整体中，个人信息受社会因素、环境因素、人际关系等的影响，因而，个人信息与社会、环境构成一个综合生态系统。

社会是由许多要素构成的系统，人是系统构成的基本单元。基于社会构成要素调整人与人之间的关系、人的社会活动和实践，保证社会生活安定，实现个体行动与社会一致。在调整中影响个人信息的社会属性和法律属性，使其在社会诸多要素的制约下。

社会是人类以共同物质生产活动为基础，按照约定的行为规范相互联系而结成的有机整体。构成社会的基本要素是自然环境、人口和文化，并通过生产关系派生各种社会关系，使社会藉以正常运转和延续发展。

由社会各种要素形成了社会形态，广义的如社会经济、社会关系 、社会政治、社会意识等形态，狭义的则是为了实现特定目标有意识组合起来的社会群体，如企业、政府、学校、医院、团体等形成的形态，一般称之为"组织"。本书中，狭义的社会形态与组织通用。

人是社会的产物。在各种社会形态中，基于社会活动和实践，人与人之间、人与社会之间相互作用和制约逐渐形成了与社会相关联的自然人人格及与之相关的人格利益。人格利益反映了自然人个体的特征、属性，形成基本的个人信息形态。

人格利益是由人格要素构成的。人格要素包括物质性要素和精神性要素。物质性要素具有人与生俱来的遗传特征，包括生命、身体、健康等；精神性要素则是在社会活动和实践中形成的，包括姓名、肖像、自由、名誉、荣誉等。

与人格要素相关的社会关系，包括依附性，物质性要素是依附于人的生命体征存在的，精神性要素虽无直接人身依附性，但以人格为基础；也包括价值特征，人格要素是构成个人信息的要件，具有无形的财产权益和商业价值。如一些城市出现的大量非法买卖公民个人信息的现象，如通过各种手段收集房主、车主、患者、企业经营者等的信息，非法兜售，并已形成"产业"，清晰说明，在社会大系统中，人格要素的社会特征。

2.3.1.2　生态系统

生态系统的概念是英国生态学家坦斯利（A·G·Tansley）在1935年提出的。生态系统是在一定时间和空间内，生物与其生存环境以及生物与生物之间相互作用，彼此通过物质循环、能量流动和信息交换，形成的一个不可分割的自然整体。

坦斯利认为，生态系统的基本概念是物理学上使用的"系统"。这个系统不仅包括有机复合体，也包括形成环境的整个物理因素的复合体。其对生物体的基本看法是，必须从根本上认识到，有机体不能与它们的环境分开，而是与它们的环境形成一个自然系统。

根据坦斯利的这一观点，我们可以将生态系统的概念延伸到各种社会形态中。在信息管理中，由于信息的多样性、复杂性，传播方式不受时空限制等特征，随着社会发展、科技进步，特别是网络应用的普及，人类对信息资源开发利用管理不当，导致人与信息环境、自然环境的冲突日益凸显，信息泛滥、信息污染、信息垄断、信息垃圾、信息综合症等问题充斥。1997年，美国管理科学家达文波特（Thomas H·Davenport）首次提出信息生态学（Information Ecology）的概念，将生态理念引入到信息管理中，从而开辟了信息管理的新领域。

信息生态系统是以生态学的观点和理论，研究信息构建、信息自组织与信息系统论等信息科学中的问题，并解释此过程中的信息行为的科学，是由信息、人、信息环境组成，具有一定自我调节能力的人工系统。信息环境的范畴包括与人类信息活动相关的自然环境、社会环境。信息环境的显性构成部分包括信息基础设施、信息资源、信息技术和信息政策与法规等；信息环境的隐性构成部分是在特定历史环境下人的知识结构、风俗习惯、道德观念、生产经验等。

在信息科学中，个人信息是一个新的研究领域。因而，信息生态学的基本观点和理论，适用于构建个人信息生态系统。个人信息生态系统是以生态学的观点和理论，研究在某一特定环境和时间内，人、个人信息、个人信息环境的关系以及相互作用和相互影响。这一系统的核心是人的社会活动和实践。

在社会信息化、经济一体化的今天，个人信息的生态环境日益失衡，个人信息滥用、个人信息侵权、个人信息和个人信息资源垄断、个人信息焦虑……，不一而足。原因是个人信息的价值体现、传统文化的负效应、生态环境的开放性、人的基本素质差异、社会形态的影响等等，是生态系统内各种要素有序、无序相互作用和影响，及受生态外力干扰的结果。

2.3.2 演化行为

个人信息生态系统是一个复杂系统，仅仅割裂地研究生态系统各个要素，不能揭示个人信息生态系统中各要素相互关联、相互作用、相互影响的关系和生态系统的演化过程。

2.3.2.1 复杂系统

复杂系统无处不在，小到人体，大到宇宙、社会、自然等。个人信息生态系统是基于社会大系统，人工加工构建的，具有鲜明的复杂系统特征：

a．多样性：在个人信息生态系统内，人与人、人与社会、人与社会活动和实践等个人信息生态环境之间相互作用、相互影响，作用和影响的形式又各有不同，且作用和影响是相互转化的。个人信息生态系统构成要素，也表现为不同的结构、功能和属性。因而，个人信息生态系统是多样态的。

b．层次性：个人信息生态系统的多样性，表现为系统组成要素的复杂性，也表现为系统组成要素个体的复杂性。同时，个人信息生态系统存在空间和时间，由于社会结构、社会形态的复杂性，也存在相应的层次。因而，个人信息生态系统是多层次的。

c．开放性：个人信息生态系统与社会环境之间相互作用、相互影响，系统组成要素适应社会环境的需求，并发生相应的变化。

d．非线性：个人信息生态系统的多样性、层次性和开放性，使系统表现为不同的关联和非线性变化。

这些特征体现在复杂系统的系统演化、自组织、自适应等过程中：

a．自组织：自组织是个人信息生态系统内各要素、各要素个体之间相互作用、相互影响的过程，是系统依据各要素的多样性，对社会形态、环境因素有目的的、主动的和有选择的行为。

b．涌现：由于个人信息生态系统存在层次性，各层次存在"涌现"现象。从社会系统看，个人信息和个人信息资源垄断、个人信息滥用、个人信息侵权等是个人信息生态系统的整体涌现。

c．自适应：当社会形态、社会环境发生变化时，个人信息生态系统随之调整，并引导变化向满足生态系统主体权益转化。这种变化包括法规、标准、规章等。

d．动态性：个人信息生态系统的结构、功能、行为模式、组成要素的自组织行为等是随环境、时间、社会因素等变化的。

e．有序和无序：当个人信息生态系统出现"涌现"现象时，是出于"好奇"、"人性本能"、"利益使然"等产生的行为，是杂乱无序的；这种行为碰触到"道德底线"、"生存状态"、"主体权益"等时，逐渐归于有序。

2.3.2.2 生态系统演化

个人信息生态系统的多样性和系统内的自组织行为是系统演化的动力。这种自组织行为包括：

a．系统内各要素的相互关联、相互作用和相互影响；

b．各要素个体之间呈现的多样性。

个人信息生态系统是随着系统内自组织、自适应行为，动态地向有序化演化。这种演化可能"涌现"，也可能渐变。个人信息生态系统的演化，是由系统内活跃的要素引发的。

a．系统结构的演化。个人信息生态系统是多结构、分层次的。

1．个人信息生态系统各要素形成新的因子，或原有因子蜕化、消失；

2. 个人信息生态系统出现新的分层；

3. 个人信息生态系统各要素之间、各层次之间的作用和影响发生变化；

4. 个人信息生态系统与社会形态、社会环境之间的关联和影响发生变化；

5. 因而，所有要素及因子表现出新的行为或属性。

引发系统复杂度、有序性、管理能力和安全性演化。

b. 系统功能演化。个人信息生态系统的功能演化表现在与各种社会形态、与社会系统、与社会环境的关联和影响的变化。

1. 个人信息需求的增加，使这种关联和影响增大；

2. 某些社会形态或社会系统对个人信息生态系统的影响增强，使生态系统的某些功能增强；

3. 个人信息需求性质变化，使这种关联和影响产生积极或消极变化；

4. 个人信息生态系统内的自组织行为，使这种关联和影响发生变化；

5. 个人信息生态系统是开放的，与其他社会形态、社会关系和社会环境的交流，促进系统的演化。

个人信息生态系统的演化方向和路径是不确定的，可能有不同的或多个方向和路径。影响系统演化方向和路径的，或是外部因素的变化，或是内部演化结果。

2.4　社会学意义

社会学是基于社会系统，通过社会关系、社会行为研究社会的结构、功能、发生、发展规律的综合性学科，以研究现代社会的发展和社会中的组织性或者团体性行为为目标。在社会学中，人是作为一个社会组织、群体或机构的成员存在。

研究个人信息、个人信息生态系统的社会学意义在于，人作为社会的产物，在社会活动和实践中、在社会各种形态和社会环境影响下，个人信息生态系统的形成、发展和变化规律。

2.4.1 隐私观的形成

人类隐私的朦胧意识，产生于人类固有的羞耻心。隐私观念是随着历史的发展和人类文明进程逐渐形成的。远古时期人类的隐私观念，囿于当时的社会、经济、生活、思想，因而非常愚昧、原始，隐私的意识仅限于个人的心理和生理状况的秘密。社会进步到奴隶社会和封建社会，随着私有财产的出现，产生了私密权利的要求，开始形成隐私观念，隐私的内涵融入了包含个人生活和私人生活领域部分内容的原始意识，如住所、私生活等。

在我国传统文化中，"隐私"在汉语语境中等同于"阴私"，即指"男女之私"。如《警世通言》第三十五卷"……也是数该败露。邵氏当初做了六年亲，不曾生育，如今才得三五月，不觉便胸高腹大，有了身孕。恐人知觉不便，将银与得贵教他悄地赎贴堕胎的药来，打下私胎，免得日后出丑。得贵一来是个老实人，不晓得堕胎是甚么药；二来自得支助指教，以为恩人，凡事直言无隐。今日这件私房关目，也去与他商议。……"

在反对封建专制主义的近代资产阶级革命中，资产阶级依据自由、平等、博爱的人本主义思想，逐渐形成了资产阶级的隐私观。这种隐私观渴望和追求私生活的自由，反对他人干扰、干涉、干预个人的私生活权利，包含了与个人隐私相关的基本内容。

随着经济的发展和社会的进步，近代资产阶级提出的人本主义观念进一步发展，从而形成现代意义的隐私观念。如前所述，现代的隐私观，包含三种形态：

个人数据资料；

个人生活；

私人生活领域。

现代意义的隐私观念，是研究如何实施隐私权法律保护的基础。

隐私权是关于隐私的权利，是人的基本权利。隐私权发源于美国。由美国哈佛大学法学院教授路易斯·D·布兰代斯（Louis D.Brandeis）与塞缪尔·D·沃伦（Samuel D.Warren）1890年在《哈佛法学评论》（Harvard Law Review）发表的著名的《论隐私权》（The Right to Privacy）的论文中最早提出。文章指出"在任何情况下，每一个人都有被赋予决定自己所有的事情不公之于众的权利，都有不受他人干涉打扰的权利，并认为用来保护个人的思想、情绪及感受的理念，就是隐私权的价值，而隐私权是人格权的重要组成部分，媒体和公众往往侵犯这一标志着个人私生活的神圣禁地"。

在这篇文章中，布兰代斯和沃伦把隐私权界定为生活的权利（right to life）和不受干扰的权利（right to be let alone），保障人格的不可侵犯。

二十世纪六十年代，美国著名的侵权行为法专家威廉·普罗泽（William Prosser）研究了法院二百多个侵权行为的案例后，发表了《论隐私权》一文。这篇论文被公认为是隐私权理论的权威之作。在这篇论文中，威廉·普罗泽将隐私权侵权行为分为4种：

a．盗用（appropriation）：盗用原告姓名、肖像等；

b．侵入（intrusion）：不法侵入原告的私人生活；

c．私事的公开（public disclosure of private facts）：不合理公开涉及原告私生活的事情；

d．公共误认（false light in public eye）：公开原告不实的形象。

自布兰代斯和沃伦《论隐私权》发表后，隐私权理论得到重视和承认，在众多专家、学者的努力和推动下迅速发展。经过上百年的完善、进步，隐私权理论已经形成较完善的体系，并成为世界各国普遍接受的法律概念。

个人信息是个人隐私的延伸，其内涵和外延更加宽泛。在社会信息化、经济一体化的今天，自然人个体的社会活动和实践更加广泛、深入，所涉及的领域愈加宽广。因而，可以认为个人信息是广义的概念，个人隐私是狭义的概念。

2.4.2 社会化的内涵

自然人是基于自然规律出生，具有生物学意义和人类特征的生命体。

人的社会化，是自然人接受社会文化，参与社会活动和实践，成长为社会人的过程。

人是社会性的，是属于特定的文化，认同并在这种文化支配下存在的生物个体。基于自然规律出生的婴儿尚未接受这种文化，因此，必须渡过一个特定的社会化期，以熟悉各种生活技能、获得个性和学习社会或群体的各种习惯，接受社会的教化，使社会行为规范、准则内化为自己的行为标准，慢慢成为具有民事权利能力的社会性的人。

人的社会化，必须基于3个基本因素：

a．生物特征：人与生俱来的生物特征，最重要的是健全的神经系统，特别是神经系统的高级中枢——大脑，这是人的社会化发展的必要的自然基础。

b．社会基础：是特定文化的社会生活条件，包括生产方式、政治和法律制度、社会规范、价值体系、信仰体系、风俗、种族和民族、家庭、学校、人与人、宗教、职业、其他社会团体或组织等。社会基础是促使人的社会化的外部条件。

c．社会实践：人参与社会实践，与社会相互作用。社会实践是人的社会化过程的内因，促使人的社会化的能动因素。

在社会学中，确立了5种人的社会化的环境要素：

a．家庭：是环境要素中最重要的。在人的成长过程中，首先是通过家庭的互动，感知社会制度对个体的规范、限制和约束及社会文化观念的影响。

b．学校：学校是一种重要的社会化机制，是儿童时期的人脱离家庭后进入的第一个专门的社会化机构。以系统的科学文化知识、独特的组织方式培养学生的知识吸收能力和创造基础、社会行为规范。

c．同辈群体：同辈群体是由一些年龄、兴趣、爱好、态度、价值观、社会地位等方面较为接近的人组成的同伴或朋友群体，在人的社会化过程中有着特殊的影响。

d．工作单位：人的一生有大量的时间是在工作中度过的，因而，工作单位对人的社会化有着显著影响。

e. 大众传播媒体：是重要的社会化要素。通过大众传播媒介，人可以接受大量信息，自觉、自主学习知识、技能、价值标准、角色、能力等。

5种社会化的环境要素，是一个人形成比较稳定的生理、心理素质和社会行为特征的重要因素。

2.4.3 传统的负效应

传统是在长期的历史演化过程中逐渐积累的一种文化，一种生活方式，是一种无形的规范。它有着确定的价值，在一定的条件和某些方面可以促进社会的进步和发展。

我国几千年的文化传承，曾经为民族、国家增添了光辉，但其中也不乏阻碍社会进步和发展的因素。

在中华传统文化中，社会政治模式是"家国同构"，即以血缘为基础，以宗法制度指导的家、家族、国家的结构同一性，是"族权"与"政权"的统一。中国的社会伦理、国家伦理皆由家族伦理演绎而来。这一传统文化强调群体取向，忽视个人价值、尊严、权利。中国的传统社会，是以宗法制度为基础的，强调群体价值和整体性思维方式，轻个体价值。在这种文化背景下，街谈巷议，家长里短，喜好窥探和议论他人隐私的陋习成了一种被普遍认同的、习以为常的社会习惯。

传统在人的社会化过程中是潜移默化的。这种以父子—君臣关系为人格化体现的伦理—政治系统，是中国社会的特色，绵延久远，其深层结构仍在主导、传承。由于家庭是重要的社会化环境要素，在人的成长过程中，必然受到中华传统文化的熏陶。在社会活动和实践中，也必然受到传统文化的影响。

中华传统文化与社会发展、科技进步，特别是社会、生活信息化，全球经济一体化过程碰撞，必然产生深层的影响。各种社会形态对个人信息生态系统的影响，必然冲击中国人的价值观和思维方式。传统的以宗法制度为基础，强调群体价值和整体性思维方式的社会形态，对个人信息生态系统影响的负效应是明显的：个人信息滥用、个人信息侵权、个人信息和个人信息资源垄断、个人信息焦虑……。

第二章
个人信息生态系统

　　包含人、个人信息、个人信息环境大三要素的个人信息生态系统，是仿照自然生态系统人工构建的有机系统。个人信息安全是与之相互关联、相互作用和相互影响的人、个人信息环境三大要素构成的有机系统的整体安全，即个人信息生态系统的安全。

3.1 个人信息生态系统构建

个人信息生态系统约束在社会大系统中，人与人之间、人与各种社会要素之间、人的社会活动和实践与社会之间，以及自然和生存环境等是互相关联、互相作用和互相影响的。

3.1.1 构建生态系统的必要

从生态学角度，生态系统是在一定时间和空间内，生物与其生存环境、生物与生物之间相互作用，彼此通过物质循环、能量流动和信息交换，相互作用、相互依赖、相互影响，形成的一个有机的自然整体，并保持相对稳定和动态平衡。

在信息科学中引入成熟的生态学原理，研究人、人类社会组织与信息环境的关系，形成新的学科——信息生态学，解决随着科学技术，特别是信息技术的发展和社会信息化，如何使人与信息、人类在发展经济和保护自身生存环境之间得到协调和持续发展。因而，信息生态学的研究内容和任务在逐渐扩展到人类社会并渗入到人类的经济活动中。

随着社会信息化和经济全球化，信息失衡的一个重要表现，个人信息使用无序、滥用、侵权、垄断、焦虑、污染等恶劣的个人信息生态环境，严重影响了人们的正常生活、工作甚至各类社会形态的生产、决策，严重阻碍了社会、经济的发展，促使信息生态学研究中逐渐衍生出一个重要的分支——个人信息生态学研究。

个人信息生态系统以人为主体，以个人信息为基础，围绕个人信息的相关环境，动态、有机、整体地处理人、个人信息和个人信息环境之间相互关联、相互作用和相互影响的关系。不能割裂系统，孤立地看待人及其人格利益的变化，独立地评估个人信息的安全。互相关联、互相作用和互相影响的三大基本要素中任一要素发生的变化，会影响整个系统。

a. 人是社会的产物，其具有的社会属性，是作为社会一员所具有的形态和特征，是在社会活动和实践中逐渐形成的。人的所有社会活动和实践，如教育、生产、工作等，都是在社会形态的约束下，按照一定的文化模式展开的。

b．人在社会活动和实践中所形成的社会地位、社会关系及扮演的社会角色等，体现了人格特征，本质是人的社会属性。基于人格特征表现出的精神性人格要素，如肖像、自由、名誉、荣誉等，是生态系统的能动性，体现在人与人、各种社会要素、社会活动和实践及自然和生存环境等之间的关联性、互动性和相互影响。

c．社会中存在各种各样、不同类型的人，丰富多彩的社会活动和实践，复杂的社会要素，人的自然和生存环境、社会结构的多样性以及生态系统中，各要素相互制约、相互影响的关系，使个人信息呈现多样态、个性化。

d．个人信息生态系统是随着社会的发展、变化不断演化的。社会活动和实践与社会构成要素相互作用、相互影响，推动系统的发展、进步，也促进了人格利益的演化。

个人信息生态系统具有复杂系统的特征，如2.3.2.1所述。

3.1.2 生态系统的演化机制

3.1.2.1 组织和自组织

自组织理论是20世纪60年代末期开始建立并发展起来的一种系统理论。它的研究对象主要是复杂系统（生命形态、社会系统等）内自组织的形成和发展机制，即在一定条件下，系统如何自动地由无序向有序，由低级有序向高级有序演化。

协同学的创立者哈肯（Hermann Haken）将自组织定义为"如果一个体系在获得空间、时间或功能的结构过程中，没有外界的特定干涉，仅依靠系统内部的互相作用来达到，该系统就是自组织"。即如果一个系统运用等级权利和指令控制方式形成组织，就是他组织；如果系统不存在这种控制方式，按照相互约定的某种规则，各尽其责、相互协调地自动形成有序结构，就是自组织。

在自然界和人类社会中，自组织是普遍存在的。生物体和社会单元都是自组织系统，它们在演化过程中，具有自我更新、自我复制、自我调节的自组织机制，能够从环境获取资源，加工转化为自身成分，以调节自身结构和功能，适应环境的变化。一个企业的发展，不仅仅是他组织，也要依靠与企业相关各行动主体之间的协同、合作，使企业组织系统向有序演化和发展，保证企业组织系统整体的稳定性和可持续发展。

个人信息生态系统存在着组织（他组织）和自组织。

a．组织：

1．个人信息生态系统是为保证个人信息生态环境安全人工构建的。

2．与个人信息生态系统相关的各基本要素（人、个人信息和个人信息环境）、社会形态、社会环境、社会活动和实践等共同建构协调个人信息生态环境安全的"秩序"。

"秩序"，即控制、指导、干预个人信息生态系统行为规范的相应法规、标准、规章、制度等。

个人信息生态系统的组织（Organizing），是使个人信息生态结构从无序、混乱，向制度化、规范化的有序演化，或从低向高有序演化。个人信息生态结构是指个人信息生态系统的整体构成，或在演化前后，后一构成较前一构成更优化、有序的状况。

个人信息生态系统的组织过程，包含3个含义：

• 个人信息生态系统内控制层次的提升。通过组织，生态系统由最初的未可知、不确定的混沌状态，逐步提升至相对规范、有序的状态。

• 个人信息生态系统内同一控制层次的变化。系统内各要素、因子，在组织作用下向有序化变化，从而向高层次演化。

• 个人信息生态系统外部环境的作用。在组织过程中，系统外部各种社会形态、社会环境、社会活动和实践等对个人信息生态系统演化的促进作用。

在个人信息生态系统向规范、有序演化过程中，存在着自我约束、自我协调、自我更新的自组织机制。自主地趋向组织发展。

b．自组织：

1．个人信息生态系统各个要素之间相互作用和影响。各要素有自身的特征、价值、利益、存在目的、资源等多方面的冲突和矛盾，可能打破原有的组织状态，促使个人信息生态失衡。因而，各要素需要协同、合作，达到系统的有序演化和发展。

2．个人信息生态系统各要素个体的作用和影响。由于各要素有自身的特征、价值、利益，因此要素个体需要自我约束、自我协调，适应社会系统的需要。

个人信息生态系统的自组织，是系统依据各要素的多样性对社会形态、环境因素有目的的、主动的和有选择的行为。个人信息生态系统的组织和自组织，是相互作用和影响的，在系统构建时，通过组织有序演化；在组织过程中，作用并影响自组织过程，促使系统的有序演化。如果系统向低层次演化，是自组织的反向作用，抵消组织的作用和影响，使系统失衡。这种情况的原因，是组织过程的无序和失效。

因而，自组织存在4个过程：

• 在由未可知、不确定的混沌状态，逐步提升至相对规范、有序的状态过程中，自组织向组织的演化。由此形成个人信息生态系统的规范化、制度化组织。

• 在自组织向组织的演化过程中，逐步由低层次向高层次的演化。使有序化程度得以提升。

• 在自组织向组织的演化过程中，系统外部各种社会形态、社会环境、社会活动和实践等对系统内自组织的作用和影响。

• 在自组织向组织的演化过程中，组织形态的复杂化使个人信息生态系统的结构、功能等由简单到复杂。

自组织在个人信息生态系统演化过程中产生渐变和突变（涌现），推进系统的演化过程。

3.1.2.2 自适应

复杂自适应系统理论（CAS）是约翰·霍兰德教授（John Holland）1994年在题为"隐秩序"的报告中提出的。

复杂系统由多个要素（个体或称为子系统）组成。CAS将复杂系统中的要素，定义为具有适应性的行为主体（Adaptive Agent，简称主体）。具有适应性，是指主体能够与环境及其他主体交流，并在这种交流过程中

"学习"或"积累经验",根据学到的经验改变自身结构和行为方式。

CAS认为,要素是具有自身目的、主动、积极的"活的"主体,通过与环境、其他主体之间反复、相互作用,达到相互适应,是系统发展、演化的基本动因。霍兰德教授将这种主动的、反复相互作用称之为"适应性",即复杂系统的自适应能力。

个人信息生态系统的构成要素,是"具有自身目的、主动、积极的'活的'主体",通过各要素之间与外部环境之间的相互作用、相互影响,达到相互适应。相互适应的过程包括两个方面:

• 协调个人信息生态环境安全的秩序。包括法规、标准、规章、制度等的环境变化的自我调整。调整是动态的,将所有变化转化为促进系统发展、演化的因素。

• 系统内自组织过程。要素之间、要素个体的自我调整、自我协调。

根据CAS理论,个人信息生态系统具有复杂自适应系统的3个特点:

a.主动、积极的主体。组织、自组织过程中,在秩序约束下,基于目的和利益,要素通过个体行为与其他要素相互作用、相互影响。

b.主体与环境的交互。主体适应内、外部环境的主动性、能动性。要素与系统内要素环境,与外部各种社会形态、社会环境、社会活动和实践环境的相互关联、相互影响、相互作用。

c.微观结构、中观结构、宏观结构的关联。主体之间的相互作用和影响,建立了微观结构、中观结构、宏观结构之间的联系。微观结构的适应性变化是中观结构、宏观结构变化的根源和基础。

CAS包含7个要素:

a.聚集。在个人信息生态系统中,处于较低层次的要素,适应环境、条件的需要,通过某种特定的方式组合,形成较高层次的要素。个人信息数据库的形成过程,某种程度反映了聚集的现象和概念。

b.非线性。个人信息生态系统在相互作用、相互影响中,各要素及其属性、特征为适应系统演化发生相应的变化时,不是简单的线性关系,而是交互影响的、复杂的非线性关系。

c.流。个人信息生态系统与外部环境之间、系统内各要素之间,存在着物质流和信息流。生态系统的开放性，是流存在的基础。外部环境与生态系统之间"流"的交互和协调，作用和影响生态系统的适应性。

d．多样性。由于个人信息生态系统内的自组织、个人信息生态系统与外部环境的相互作用和影响，在相互适应的过程中，系统内各要素的发展变化形成差异。

以上4个属性作用于系统的适应和演化。其他3个要素是与环境交互的机制，包括：标识、内部模型和积木。

3.1.3 生态系统结构

由于个人信息生态系统内各构成要素间的相互关联、相互作用和相互影响以及复杂系统特性，个人信息生态系统是多结构、分层次的。

3.1.3.1 宏观结构

个人信息生态系统是人工构建的，与社会大系统密切相关，同时，又限于各类社会形态。宏观结构是从社会大系统和社会形态两个层面，研究个人信息生态系统的结构特性。

个人信息生态系统的宏观结构，分为两个层次：

a．社会生态系统。社会系统存在社会经济、社会关系、社会政治、社会意识等各种社会形态及自然环境等，社会生态系统是社会系统环境与人的相互作用及对人的行为的影响。个人信息生态系统在社会生态系统的制约和影响下发展、演化。

在社会生态系统内，各种社会形态是文化、传统、道德、思想、制度、机构等的体现。这些文化、传统、思想、制度、机构等，反映了人在社会活动、实践、生活中的目标、态度、价值、信念、行为等，影响个人信息构成要件——人格要素的形成、变化。

社会系统环境各要素在社会生态系统内相互作用，对人的社会活动、实践和行为产生影响，并作用于个人信息生态环境，促使个人信息生态环境适宜社会生态系统。

社会生态系统的演化，促进个人信息生态系统的演化。社会系统环境各要素在社会生态系统内的相互作用，是个人信息生态系统内各要素成长、演化的关键因素。

个人信息生态系统的宏观结构，是以社会生态系统为基点，研究社会系统环境中社会经济、政治、文化、教育、科技等各种宏观因素对个人信息生态系统各要素的影响。

b．各类组织。在社会生态系统内，存在企业、政府、学校、医院、团体、社区等各类组织形成的社会形态，人的社会活动、实践和生活，限于这些社会形态之内。社会生态系统、自然环境等与社会形态各要素的关联、作用，影响个人信息生态系统的形成、发展和演化。

各类社会形态的演化，影响个人信息生态系统的演化。个人信息生态系统宏观结构，受到社会生态系统、社会形态的制约和影响。是以社会形态为基点，研究社会环境和经济环境等社会生态系统、自然环境等对个人信息生态系统的约束和影响，分析社会形态内部各种要素与社会生态系统关联对个人信息生态系统的影响。

3.1.3.2　中观结构

中观介于宏观与微观之间，在复杂系统研究中，可以解释从宏观向微观转化过程中的一些现象，如涌现等。

个人信息生态系统中观结构，是个人信息服务管理过程（个人信息生命周期）相关的组织管理、制度、流程、体系、资源等：

a．管理。管理是社会形态的活动或行为。个人信息管理包括决策与组织、规划与人事、控制与监督、协调与沟通、评估等，是个人信息生态系统内的组织行为。

b．制度。制度是为有效实现社会形态的目标，规范、制约、协调社会形态内各类资源、活动、行为而制定的规定、规则、方法、标准等。制度具有权威性、稳定性、系统性等特点。制度是控制、指导、干预个人信息生态系统要素行为规范的"秩序"。

c．流程。流程是为实现社会形态的目标所进行的有顺序的动作、方法等。流程是潜在的、约定俗成的，需要提炼、梳理、优化。在个人信息生态系统内，流程是组织与自组织行为。

d．体系。体系是社会形态内相互关联、相互作用、相互影响的各个要素组合构成的有机整体，依靠各种管理机制、制度、流程等，控制、约束体系内各要素的活动、行为等。体系是个人信息生态系统内组织、自组织行为的约束机制。

e. 资源。资源是社会形态存在的基础，管理、制度、流程、体系等均基于资源展开。在个人信息生态系统内，资源是个人信息环境要素的构成因子。

中观结构的作用包括：

a. 在宏观结构的作用、制约下展开社会形态的行为和活动；

b. 约束、影响、作用微观结构；

c. 反作用并影响宏观结构。

个人信息生态系统中观结构，受宏观结构的作用和制约。是研究各类社会形态内部构成、管理机制、资源环境、外部环境等要素对个人信息生态系统的制约和影响。以社会形态内部环境为基点，研究内部构成要素之间的关系、构成要素各功能的约束、与外部各种因素的复杂关系、社会形态的管理活动等对个人信息生态系统的影响。

3.1.3.3 微观结构

微观结构是在中观结构的约束、作用下，构成个人信息生态系统基本要素的作用、影响。人是个人信息生态系统的核心和能动要素，构成了个人信息生态系统微观结构的基本形态。

人具有社会性。基于自然规律出生、具有生物学意义和法理人格的人，其自然属性是生物特征决定的。但作为社会的个体所具有的形态和特征，是

a. 在人与人之间的相互作用和制约中

b. 在个人信息生态系统各要素的演化中

c. 在社会活动和实践中

d. 在各种社会形态的相互作用、影响和制约中逐渐形成的。

这种形态和特征反映了人的社会属性、法律属性，并在属性形成中逐渐形成了与社会相关联的人格及与之相关的人格利益。

人格利益由生命、身体、健康、姓名、名誉、荣誉、肖像、个人隐

私、人身自由等等作为人不可或缺的物质性、精神性人格要素构成，是构成个人信息的要件，具有无形的财产权益和商业价值。

在个人信息生态系统中，人的能动性，是以个人信息为基础，围绕个人信息相关环境，动态、有机、整体地处理人、个人信息和个人信息环境之间，及与各种社会形态、社会环境相互关联、相互作用和相互影响的关系。

人作为个人信息生态系统的能动要素，映衬出个人信息生态系统微观结构的复杂、多样、变化。个人信息生态系统微观结构，是以人为基点，研究各种社会形态对人的能动性的制约和影响，分析人的能动性作用于生态系统的积极影响和负面效应。

3.1.3.4　构成因素

多结构、分层次的个人信息生态系统，其构成因素基于：

a．人的能动性和可能产生的负面效应的约束机制。

如前述，人作为个人信息生态系统的能动要素，映衬出个人信息生态系统微观结构的复杂、多样、变化。这种状态是在人的社会化过程中演化的。

人的社会化，是人在学习社会文化、社会活动、社会实践中形成的社会性。是人与各种社会形态、社会环境、自然环境相互作用、相互影响的过程。在这个过程中，人感知个人信息的生态环境，并转化为心理、思想、行为。

人是复杂的，对所感知的个人信息的生态环境的理解是不同的。个人信息生态系统失衡现象：个人信息侵权、个人信息和相关资源垄断、个人信息焦虑等，是在转化过程中，人的能动性产生的负面效应。

因而，个人信息生态系统的"三观"结构，是对人的能动性的约束。

b．组织内部各种管理和行为规则的确立。

如前述，个人信息服务管理过程相关的组织管理、制度、流程、体系、资源等构成了个人信息生态系统的中观结构，确立了组织形态的管理和行为规则。主要包括：

1．与个人信息生态相关的组织文化的形成。组织成员认可、遵循的具有组织特色的价值观、意识、思维、行为等。

2．与个人信息生态相关的组织形象的认可。社会形态、组织内部对组织构建的个人信息生态系统的评价，包括组织文化、形象、人员素质、资源、环境、发展等。

3．与个人信息生态相关的组织目标的实现。目标是组织形态的基本要素之一。在组织总体目标前提下，依据个人信息生态系统特征，确定个人信息生态系统平衡目标和组织成员目标，逐步实现。

4．与个人信息生态相关的资源的合理分配。资源是确立管理和行为规则的基础，是个人信息生态环境的构成因子。个人信息生态与组织形态相互关联、相互作用、相互影响，因而，合理分配资源是保证组织成功的关键因素。

c．行业自律机制的确立和完善。

行业自律是基于行业内一个或多个个人信息生态系统共同确立并遵循的价值观所形成的个人信息生态系统的自觉的组织、自组织行为规范。

1．组织行为。遵循并执行控制、指导、干预个人信息生态系统行为规范的相应法规、标准、规章、制度等。

2．自组织行为。个人信息生态系统内要素个体、各要素间在组织行为约束下的自我约束、自我协调。

d．相关法律、法规的逐步实现等。

3.1.4 生态系统构建机理

前一节分析了个人信息生态系统的结构和构成因素，是构建个人信息生态系统的基础。研究个人信息生态系统构建机理，是在此基础上研究个人信息生态系统的机制、功能及相互关系等。主要包括：

a．人的能动性，包括意识、行为（行为的选择、行为的反作用等）

人的能动性，是人类特有的能动地反映、改造所处环境的能力和作用，是人类意识的能动作用。这种能力和活动是在社会活动、社会实践中形成的。

个人信息依附于自然人存在，其主体是唯一的，具有满足于主体所需要的价值属性。通过人的能动性的创造活动，赋予满足各种社会形态需要的价值属性。这种能动性的创造活动，是在社会活动、社会实践中，个人信息生态系统各要素之间、与各种社会形态及社会环境之间相互关联、相互作用、相互影响的结果，是组织、自组织、自适应过程。

能动性的创造活动，决定了行为的选择：

1．对个人信息生态环境的认识。在社会活动和实践基础上，能动地认识个人信息的特征和属性、个人信息生态环境的内在机理和外部因素，形成充分、有效的目的、计划，指导生态系统的构建。

2．指导个人信息生态系统的构建。依据对个人信息生态环境的认识，创造性地构建个人信息生态系统，影响、作用、改变社会因素、社会环境。

3．个人信息生态系统内的行为规则。系统内组织、自组织、自适应过程。如前述，如果系统向低层次演化，是自组织的反向作用，抵消组织的作用和影响，使系统失衡。因而，应在组织作用下，改变、创造条件，促使系统的有序演化。

b．信息不对称理论的运用（在实践中，知情权的淡化）。

信息不对称理论原是经济学中解释一些经济现象的理论，已广泛应用于各个领域，并获得实践的验证。

信息不对称可以定义为，由于信息主体和受体对信息了解、理解、释义程度不同形成差异，造成某种程度上信息缺失、信息残损、信息失真等。

信息不对称是造成个人信息生态失衡的重要原因。当人的能动性的创造活动，赋予个人信息满足各种社会形态需要的价值属性，与之相关的生态环境发生改变。个人信息窃取者，乃至个人信息管理者、个人信息消费者，在收集、处理、使用个人信息时，为攫取更大利益，部分或全部剥夺个人信息主体的知情权，使个人信息主体权益受到损害，引发个人信息生态危机。

信息不对称理论，对个人信息生态系统的启示，包括：

1．个人信息的价值属性对各种社会形态的影响。个人信息的潜在价值，深刻影响个人信息生态系统与各种社会生态之间的相互作用和影响。

2．个人信息生态系统结构的相关性。个人信息生态系统的宏观、中观、微观结构之间互相制约、互相影响，由于对与个人信息相关各种因素的理解差异，形成反作用。

3．个人信息生态系统可能存在的缺陷，信息不对称是造成原因之一。仅仅依靠系统的自组织，是不能完全修正的。

4．组织行为的重要性。在个人信息生态系统实施、运行中，必须强化组织行为，利用各种措施促使信息由不对称向对称演化，消除引发系统危机的因素。

c. 多结构个人信息生态系统各种制约、影响要素的关系模式。

制约、影响个人信息生态系统的模型，包括两部分：个人信息生态系统的平衡机制和个人信息生态系统外部因素。

个人信息生态系统由人、个人信息和个人信息环境三大基本要素构成均衡的生态。三要素不是孤立的，它包括许多生态因子：意识、思维、行为、人格要素、人格利益、规律、秩序、作用与反作用……。

个人信息生态系统的外部因素包括相互关联、相互作用、相互影响的因素和无关的因素。包括各种社会形态、社会环境、自然环境等及其目标、内在需求、动因、态度、价值、信念、行为、结果等，以及文化、传统、道德、思想、制度、机构等对这些因素的影响。

个人信息生态系统的外部因素，作用与个人信息生态系统，存在着组织行为，制约自组织、自适应行为；个人信息生态系统内部变化对外部环境产生影响。

d. 多结构个人信息生态系统的演化。

个人信息生态系统在各种制约、影响要素作用下演化，这些要素广泛存在于宏观结构、中观结构和微观结构中，相互关联、相互作用和相互影响，促进生态系统的演化。

e. 中观结构安全体系的构建模式。

如前述，中观结构是个人信息服务管理过程相关的组织管理、制度、流程、体系、资源等，因而，构建基于中观结构的安全体系，是基于个人信息生命周期的安全设计，主要包括：

1. 管理机制：与个人信息生态系统三大要素相关的生态管理因子。

• 最高管理者：意识、权威、领导、协调、控制等；

• 相应的管理机构：职责、责任、能力、管理、功能、协调、沟通等；

• 管理制度：管理、业务、安全、环境等；

• 管理措施：宣传、教育、资源、人员、行为、活动等等。

2. 资源管理：与个人信息生态系统三大要素相关的信息资源、非信息资源因子。

• 资源配置：合理性、充分性、有效性；

• 资源相关：约束在组织内各种形态与个人信息生态系统的资源相关性；

• 资源管理：可用性、实效性、充分性等。

3. 体系建设：个人信息生态系统内的管理框架。

• 机制设计：体系内各类管理机制设计，包括管理机制、安全机制、过程管理等；

• 体系相关：多体系间的关联性和相互融合等。

4. 安全机制：保证个人信息生态系统安全的管理、技术措施。

• 安全管理：与个人信息主体权益、个人信息相关行为、活动的安全管理，包括个人信息收集、个人信息处理、个人信息使用、个人信息环境、相关资源等；

• 安全技术：安全管理中采取的技术措施、策略、设施等等。

5. 过程管理：个人信息生态系统的自适应过程。

存在两个因素促进个人信息生态系统的自适应过程：

• 个人信息生态系统在构建、运行过程中，不断感知外部因素的影响和作用；

• 安全体系构建过程中，感知要素个体、要素之间的影响和作用。

过程管理主要包括：

• 自我调节：负反馈：接受、感知安全体系的缺陷、变化，改进、完善，达到并保持个人信息生态系统的平衡

正反馈：某些要素或因子的变化引发其他要素或因子的变化，促进个人信息生态系统的演化

- 监督、审计。

f. 宏观结构安全体制的构建模式

构建基于宏观结构的安全体制，主要包括：

1. 社会生态系统治理

2. 个人信息生态环境安全体制

3. 个人信息生态系统相关法规体制等。

g. 个人信息生态系统的评估机制

个人信息生态系统评估机制，是分析、评价个人信息生态系统演化过程中的组织、自组织行为和自适应过程。评估内容主要包括：

1. 依据和条件。基于宏观结构构建的安全体制

2. 约束机制。基于中观结构构建的安全体系

3. 生态环境

4. 社会生态系统的关联、作用和影响

5. 微观结构的能动性

6. 宏观、中观和微观结构的相互作用等。

建立评估机制，主要包括：

1. 管理机制

- 机构：职能、职责、管理、协调、沟通
- 管理：行为、活动、能力等

2. 评价机制

- 范围、指标、规则
- 方法、测试
- 保证措施等

3. 质量控制

- 人员质量
- 管理质量
- 过程质量

- 行为、活动质量
- 质量检测等。

3.1.5 生态系统风险

个人信息生态系统是人为构建的，因而存在外部和内部风险，需要充分的风险评估、应对和防范。

风险是"不确定性对目标的影响"。即 "风险是由于从事某项特定活动过程中存在的不确定性而产生的经济或财务的损失、自然破坏或损伤的可能性"（美国Cooper D·F和Chapman C·B《大项目风险分析》）。

但是，风险与不确定性不同，它只能与目标相联系，影响一个或若干目标。风险是普遍存在的，不依人的意志为转移。在某一特定环境、特定时间段存在发生的可能性。

风险具有以下特征：

- 风险是客观存在的，具有普遍性；
- 某一具体风险的发生是偶然的，大量风险的发生是必然的；
- 风险是变化的；
- 风险具有多样性和多层次性；
- 风险具有双重性。

风险由风险因素、风险事件、风险影响构成。风险因素的变化，使风险事件发生的可能性变化，并产生相应的风险影响。

个人信息生态系统处于复杂、多变的社会生态系统中，风险发生的可能性，随社会环境的变化、与社会生态系统的相互作用和影响、生态系统内要素间的相互作用和影响，风险因素亦随之增加或减少，风险事件发生的可能性亦随之增大或减小，可能产生不同的风险影响。

个人信息生态系统风险是在特定条件、环境、范围、时限内，不确定性风险因素引发风险事件对生态系统、生态系统构成要素产生的风险影响。这种影响包括系统结构、功能，可能引发生态危机。

风险因素是构成风险源的基本单元，一个风险源，可能由多个风险因素构成，这些因素，可能是风险源固有的，也可能是互相关联的。威胁个人信息生态系统的风险因素可以分为危险因素和危害因素：

a．危险因素：可能突发或瞬时发生危害的风险因素，如某类资源突然失效、自然灾害等。危险因素分为可以预测的和不可预知的，如前者是可预测的，应采取预防措施，自然灾害是不可预知的，但应有应急机制；

b．危害因素：逐渐累积形成个人信息危害的因素。危害因素可能存在多个风险源中，在这些风险源的共同作用下，危及个人信息生态系统的安全。

危险因素和危害因素是相对的，在一定条件下可能转化。当个人信息生态系统向低层次演化，抵消组织的作用和影响，使系统失衡时，危害因素可能转变为危险因素；反之，就有可能规避、弱化可能存在的危险因素，并逐步降低风险等级，直至消弭。

个人信息生态系统具有普遍的风险特征，也具有不同的特质。主要包括：

a．风险的核心是"人"。不确定性是普遍存在的，个人信息的属性、特征是诱发个人信息生态系统风险的源，激励人的能动性。因而，个人信息生态系统风险是人为风险。

b．风险的潜在性。在个人信息生态系统安全评价中，许多风险是潜在的，不易识别的。当不确定因素具有明确的目标，潜在风险可能发生突变，破坏生态系统的平衡，引发生态危机。

随着全球经济一体化、科学技术，特别是信息技术进步、社会发展，个人信息生态风险的复杂性、影响性、危害性，日趋恶化个人信息生态环境，风险已经成为常态。

3.2 个人信息生态系统实施

个人信息生态系统实施，仍然受到各种因素的制约。在生态系统构建中形成的各种要素，需要在实施过程中验证。

3.2.1 生态系统的内容

个人信息生态系统是由人、个人信息和个人信息环境3个基本要素构成的，研究在某一特定环境和时间内，人、个人信息、个人信息环境的关系以及相互作用和相互影响。系统的内涵围绕3个要素展开。

3.2.1.1 生态系统主体

在个人信息生态系统内部、系统与外部环境之间的相互作用和影响中，人是生态系统的核心和能动要素，主导个人信息生态系统演化：

a. 自然人的生物遗传特征信息。

人的生物遗传特征是与生俱来的，依附于人的生命体征存在。如前述，是物质性人格要素，构成个人信息的基本要件。生物遗传特征包括生命、身体、健康等，也包括意识、思维、情绪、感情等认知形式。

物质性人格要素，是人的行为的本质。个人信息生态系统内的组织和自组织，本质是人在社会活动和实践中，意识思维、社会认知采取的适应内、外部环境的行为。

人是个人信息生态系统的主体，其能动性认知、影响、作用个人信息环境、社会形态、社会环境，推进个人信息生态系统的演化，进而改变自己。

b. 人在社会活动和实践中形成、丰富、改变、完善个人信息，具有自主能动性。

如前述，人格要素包括物质性要素和精神性要素。物质性要素具有人与生俱来的遗传特征；精神性要素则是在社会活动和实践中形成的，包括姓名、肖像、自由、名誉、荣誉等。

精神性人格要素，是在社会活动和实践中，基于各种社会形态的影响，人与人之间、人与社会之间相互作用和制约，人对社会、自身的认知，逐渐形成的。物质性人格要素和精神性人格要素构成了基本的个人信息形态。

在社会生活、活动、实践中，为适应社会生态系统，随着人对社会、自身的认知，物质性人格要素和精神性人格要素也在发生变化，不断改变、完善以人格为基础，也包括价值特征的精神性要素。

c．人在收集、处理、使用个人信息中，能动的影响、作用个人信息环境，以至社会生态。

个人信息生态系统与社会生态系统相互关联、相互作用和相互影响中，各种社会形态、基于不同目的的人需要个人信息，并影响和作用于个人信息生态系统。

在信息化飞速发展的信息社会，任何社会活动和实践与个人信息密切相关。在收集、处理、使用个人信息过程中，能动地影响、作用于个人信息环境、社会环境，并影响个人信息主体。

在个人信息生态系统与社会生态系统的相互影响、相互作用中，存在不同的主体，可以划分为：

a．个人信息主体：具有生物学意义和法理人格，并被赋予民事主体资格的自然人。具有自然人生物遗传特征信息和在社会活动、实践中形成的具有社会、法律属性的个人信息。

b．个人信息管理者：个人信息生态系统运行过程中形成的个人信息生命周期管理，包括组织、协调、控制、沟通；保证个人信息安全和个人信息主体权益不受损害。

c．个人信息窃取者：觊觎个人信息的价值特征，以非法或合法的管理、技术等手段，攫取个人信息，获取非法利益，侵犯个人信息主体权益。

d．个人信息消费者：以合法或非法的管理、技术等手段，获取、消费个人信息，满足管理、商业、经营等的个人信息需要。

个人信息管理者，同时也是个人信息获取者、个人信息消费者。个人信息管理者如b所述，为个人信息主体提供安全保障，但并不完全是这样，某些个人信息管理者，或基于某种利益，或管理不完善，可能侵害个人信息主体权益。

个人信息消费者，也是个人信息管理者，在某种条件或经济利益驱使下，可以转化为合法或非法个人信息消费。单纯的个人信息消费者，与个人信息管理者的区别在于，它简单占有个人信息，一般不提供个人信息生命周期管理或仅提供简单的管理；

个人信息窃取者，也是个人信息管理者，在某种利益驱使下，采取合法或非法手段获取个人信息。与个人信息管理者的区别在于，个人信息窃取者提供发散式管理或提供商业模式管理，以便于攫取相关利益。

在社会活动和实践中，人与人之间、人与社会之间、人与各种社会形态之间的交流是基本的信息需求，包括日益增长的个人信息需求，也是社会发展的必然。这种相互关联、相互作用、相互影响是个人信息生态系统中人的能动性研究的主题。

3.2.1.2 生态系统资源

个人信息生态系统的基本资源，是由依据一定的目的和规则，收集、组织、排序、存储个人信息的集合，与集合相关的管理、技术手段（及相关信息资源），集合的存储媒介和管理方式等构成的个人信息数据库形态。

个人信息是个人信息生态系统形成的基础，在与社会生态系统的关联、作用、影响中存在，包括：

a. 个人信息需求

个人信息需求是社会生态系统在某一时期、某一环境、某一条件下，基于一定的价值观，由个人信息需要产生的获取、使用、消费、购买等各种各样不同的要求。

个人信息需求是在学习、工作、生产、科研、生活及其他社会活动和实践中，与各种社会形态、社会环境等社会生态系统要素相互关联、相互作用中产生的。

个人信息需求，包括：

人在社会活动和实践中的需要，如学校、工作单位、医院、法律等；

人的精神、文化生活需要，如网上聊天、网上购物、网络游戏、在线教育等；

人的生存需要，如就业、招聘、购物、生活、保险、纳税等；

社会形态的管理、经营需要，如行政管理、外包业务等；

个人信息管理者之间的信息交换等；

个人信息窃取者的需要（交易行为），如房主、车主、公司经营者等个人信息的公开叫卖等；

……。

b. 个人信息的作用

随着社会进步、经济一体化和科技进步，特别是网络应用的普及，社会生态系统对个人信息的需求日益增大，个人信息的财产权属性和价值特征日益凸显。

个人信息的收集目的，处理、使用计划，是在与社会生态系统各构成要素相互关联、相互作用中形成的。人在生产、生活、各种社会活动中，必需的个人信息，可以转化为相应的资源和动力。由于生产的主体是社会，信息是生产力诸要素的重要媒介，个人信息则是其中重要的一环。个人信息生态系统在生产力和生产关系、上层建筑和经济基础的互相作用中起着重要的润滑作用。

3.2.1.3 个人信息环境

个人信息生态系统是社会大系统的一部分，是基于社会生态系统人工建设的。系统的构成要素——个人信息环境，是在社会环境、自然环境基础上形成的，映射出各种社会形态、社会活动和实践与人的相互作用和影响，对人的生存、生活、活动、行为等产生深刻影响。

a. 个人信息环境的构成

个人信息环境的构成，包括：

人际关系：个人信息生态系统内要素个体（人）之间的自组织行为，反映社会活动和实践中，人与人之间的关联、作用和影响。

社会活动和实践：在社会生态系统制约下，基于特定的目的和知识参与改变自然、社会和人类自身的行为，如生产、社会管理、教育、科技等。在这一行为中明确人的社会角色，具有民事主体权利、义务规范和行为模式。

生产活动和经济活动：在社会生态系统制约、组织生态系统约束下，基于获得最大经济利益、最少物质消耗实施的生产、营销、供应、财务、人力资源等的经营活动。在这一活动中确定个人信息生态系统的作用和影响。

与之相关的信息资源：如前述，信息资源是各类组织逐步累积的信息、信息系统、生产、服务、人员、信誉等有价值的资产，是由人、信息和信息技术三元素构成的有机整体。信息资源是保障个人信息生态系统实施的基础。

信息环境的信息基础设施：是信息资源的一部份，支撑个人信息生态系统运行的通信系统、计算机系统、计算机网络系统、应用系统等等。是个人信息获取、个人信息管理、个人信息存储、个人信息传输、个人信息加工、个人信息检索等等的基本的自动处理手段。

管理、技术、服务：信息资源的一部分，保障个人信息生态系统运行的机制。

相关法规、标准：行业自律、立法规制规范、调控个人信息生态系统的演化、发展，促进自组织向高层次有序演化。

……。

b. 个人信息环境的内涵

个人信息环境的内涵，反映了个人信息生态系统的特有属性，及与系统各要素之间关系。包括与个人信息收集、处理、使用、管理相关的所有因素的集合。主要包括：

人：个人信息生态系统的主体，同时，个人信息生态系统的对象；

社会：人生活、活动、实践的环境；

载体：个人信息存储及相应的技术、管理策略；

伦理：应遵循的基本规则、法规、标准等及客观的社会关系事实、文化、传统、价值观等。

3.2.2 生态系统"物种"

在自然生态系统中，物种是具有一定形态和生理特征，居于一定自然分布区的生物群类，是生物进化和生物分类的基本单位。物种的多样性，构成生态系统的复杂性，不同的物种，具有适当的生态位置，扮演不同的角色和功能。

在个人信息生态系统中，也存在诸多的物种，同样具有一定的形态和特征，支撑生态系统的存在。物种包括：

- 人、个人信息主体；
- 个人信息；
- 各种管理技术、信息安全技术；
- 各种管理主体；
- 信息资源；
- 个人信息相关业务和业务流程。

这些物种具有不同的形态和特征，如人具有生理形态和生理特征，管理主体具有组织形态和特征等。在这些物种中，人是关键物种。

如前述，人是个人信息生态系统的主体，是生态系统的核心和能动要素。人的基本素质（个人信息）是个人信息生态系统存在和进化的基础。在系统演变过程中，确立人为系统的关键物种，在人与个人信息环境之间的生态互动中，形成关键物种对系统内外各种关系、因素和"物种"的主导，这种主导由单向支配、反向支配，形成生态互动，逐渐向协同进化演化。

人是关键物种，基于：

a．人是基于自然规律出生，具有生物特征和人格特征。其生物特征反映了人的自然属性和自然关系的继承；其人格特征反映了人在社会活动和实践中的社会地位、社会关系及所扮演的角色。

b．人的基本特征构成了个人信息的基本元素，反映了自然人的人格利益。人格利益是由人格要素构成的。人格要素包括物质性要素和精神性要素。物质性要素具有人与生俱来的遗传特征，包括生命、身体、健康等；精神性要素则是在社会活动和实践中形成的，包括姓名、肖像、自由、名誉、荣誉等。

与人格要素相关的社会关系，包括依附性，物质性要素是依附于人的生命体征存在的，精神性要素虽无直接人身依附性，但以人格为基础；也包括价值特征，人格要素是构成个人信息的要件，具有无形的财产权益和商业价值。

c．人与个人信息环境、个人信息生态系统与社会大系统、个人信息生态系统与各种社会形态之间的互动，是个人信息的收集、使用和利用。基于个人信息发生人与个人信息环境之间的生态互动，在生态系统内自组织、自适应的各个阶段，形成动态平衡。

在个人信息生态系统内，人的基本素质，是系统进化的决定因素。如个人信息消费者的进化（认识、行为等），必然改变个人信息管理者的压力，提高个人信息主体权益的保障能力。因而，生态系统内多物种的进化，将促进系统内物种整体的协同进化。同时，多物种的协同互动，在关键物种的引领下，推动个人信息生态系统的演化。

关键物种不是唯一的。在个人信息生态系统进化过程中，有可能形成其他关键物种。如在个人信息安全管理中，除人的因素外，技术是关键物种。这些物种在系统的进化、突变中，发挥着重要作用。

3.2.3 生态系统的生态位

在自然生态中，生态位是一个物种的生活环境及生活习性的总称，是每个物种区别于其他物种所具有的独特的生态环境。

在个人信息生态系统中，生态位是物种在特定时态、特定条件下，在个人信息环境中所处的特定位置。即社会形态、社会环境在社会活动和实践中具有个人信息需求时，物种在个人信息环境中所处的生态环境、生态特征。如政府、个人等在社会活动和实践中产生个人信息需求时，人，这一关键物种在生态环境中特定的社会地位、社会关系及所扮演的角色。

物种生态位具有三个鲜明特征：

a．生态功能。是物种在个人信息环境中的角色定位和服务能力。在个人信息环境中，人具有多个角色：个人信息主体、个人信息管理者、个人信息消费者、个人信息窃取者，在社会活动和实践中，在特定的时限、条件下，具有不同的角色定位，有不同的服务需求。生态功能是由物种的特质和个人信息需求确定的，同时，生态功能决定了物种的职能、资源需求和服务能力。

b．资源功能。是物种在个人信息环境中所需和使用资源的功能需求和状况。物种在个人信息生态系统内的活动、行为和发展，需要相应的、一定种类和数量的资源，这些资源包括信息资产、信息技术资产、信息服务资产、信息管理资产及相应的软、硬件基础设施，以及客户资源等等。资源是稀缺物种，个人信息生态系统的生存、发展需要获取、占有、使用资源。资源功能是由资源需求、资源获取和资源使用能力决定的。资源功能决定了个人信息生态系统的生存和演化能力。

c．时空功能。是物种的生存时限和生存、活动空间。物种在生态系统内的生存、活动和发展，需要明确的时限和相应的空间环境。物种的生存、活动方式和性质及对空间环境的适应能力决定时空功能，时空功能可以决定物种活动的效能。

3.3　个人信息生态系统平衡机制

个人信息生态系统在运行过程中，系统构成要素个体、要素之间、与社会形态及社会环境之间通过组织、自组织、自适应，达到相对稳定的平衡状态。但是，个人信息生态系统与社会生态系统相互作用和影响过程中，由于某些结构或功能弱化，可能引发生态危机。

3.3.1　生态系统失衡

自然生态系统的平衡，是系统内部生产者、消费者、分解者与非生物环境间，在一定时间内保持能量、物质输入和输出的相对稳定状态。生态系统平衡是动态的，通过自我调节实现系统功能和结构的相对稳定。

个人信息生态系统，通过各构成要素的自组织、自适应，相互协调，系统结构合理、功能清晰，实现相对稳定状态的平衡。当个人信息生态系统与各种社会形态、社会因素、社会环境之间相互影响、相互作用，生态系统内部结构和功能弱化、涌现，形成内、外部之间的不对称，导致生态危机，个人信息生态系统失衡。

个人信息生态系统失衡，主要表现为：

a．个人信息滥用和侵权。

如前述，在个人信息生态系统内，人的基本素质，是系统进化的决定因素。人包含两种形态：

- 个人信息主体：具有物质性和精神性人格要素，人格权益是唯一的。
- 个人信息消费和窃取：个人信息需求者。

基于一定的条件、环境，人的形态是可以互相转变、进化的。这种转变、进化，主要是系统内部的自组织作用：

1. 个人信息生态系统各个要素之间相互作用和影响。各要素有自身的特征、价值、利益，存在目的、资源等多方面的冲突和矛盾，可能打破原有的组织状态，促使个人信息生态失衡。因而，各要素需要协同、合作，达到系统的有序进化和发展。

2. 个人信息生态系统各要素个体的作用和影响。由于各要素有自身的特征、价值、利益，要素个体需要自我约束、自我协调，适应社会系统的需要。

个人信息生态系统的自组织，是系统依据各要素的多样性对社会形态、环境因素有目的的、主动的和有选择的行为。个人信息生态系统的组织和自组织，是相互作用和影响的，在系统构建时，通过组织有序演化；在组织过程中，作用并影响自组织过程，促使系统的有序演化。如果系统向低层次演化，是自组织的反向作用，抵消组织的作用和影响，使系统失衡。这种情况的原因，是组织过程的无序和失效。

个人信息滥用和个人信息侵权，即是自组织的反作用，是两种形态的人自身价值、利益和目的、资源需求使然。

b. 个人信息和个人信息资源垄断。

垄断也是一种侵权行为。垄断包括：

1. 个人信息及相关资源的垄断。垄断者基于某种利益，控制、操纵个人信息，占有相关的个人信息资源；

2. 垄断行为的强化。垄断者借助利益集团、其他垄断者主导个人信息相关资源的配置、个人信息的收集和使用。

垄断极易造成个人信息滥用。当个人信息被某些垄断者集中控制时，就成为这些垄断者操纵、控制个人信息主体权益的手段，可以随意地、以利益最大化为目的，非正当、非授权使用。

　　c．个人信息焦虑。

　　在个人信息生态系统内，个人信息焦虑是由于个人信息形态、质量、时态等引发的：

　　1．个人信息形态。个人信息是由基于自然人的基本特征展开的自然情况、家庭关系、社会背景，包括生命、身体、健康、名誉、荣誉、肖像、隐私、自由、精神等人格要素构成的，其形态是人格要素的空间存在和记录，其记录形式是多样的，如完整的个人信息、部分个人信息、琐碎个人信息、敏感个人信息等。

　　2．个人信息质量。个人信息是可识别特定自然人的信息，可以完整、准确地描述自然人的特征、属性。因而，个人信息的准确性、完整性等质量因子，是保证个人信息主体权益的基础。

　　3．个人信息时态。构成个人信息的人格要素包括物质性要素和精神性要素。物质性要素具有人与生俱来的遗传特征，包括生命、身体、健康等；精神性要素则是在社会活动和实践中形成的，包括姓名、肖像、自由、名誉、荣誉等。人在社会活动和实践中，个人信息可能发生变化。这种变化可能影响人的特征、属性。因而，必须保持个人信息的最新状态。

　　因个人信息形态、质量、时态等可能引发个人信息污染：

　　1．垃圾和冗余。过多、过滥地个人信息数据库积累，可能构成危害个人信息主体权益的社会公害。

　　2．虚假和失真。编织部分或全部虚假个人信息，或在收集、处理、使用过程中，形态、质量、时态的失真，造成个人信息主体权益的损害。

　　在个人信息价值属性日益凸显的今天，强迫人不断接受这种状态，超出人的承受能力，产生个人信息焦虑：

　　1．压抑。可能失去个人信息知情、控制权，心理、生理上产生的抑制、郁结、束缚。

　　2．恐惧。对个人信息安全威胁，本能的抵制、担心。

3.3.2　调节机制

　　个人信息生态系统失衡的表现形式，引发个人信息生态系统内要素个体、各要素之间形成的平衡状态被打破，引起生态危机。同时，个人信息生态系统在社会生态系统的作用、影响下，会形成干扰、波动，影响内部自组织演化过程。个人信息生态系统的反向演化，必须通过组织行为、人工控制，包括社会形态、社会环境的治理，恢复生态系统的平衡。

a. 生态位调节。在社会活动和实践中，人的生态位由于社会地位、社会角色的变化，发生压缩、扩展和转变，其资源需求、服务能力随之变化。相应地，随着生态位的改变，对其个人信息的需求和消费发生变化。生态位的变化，引发：

- 生态系统内的自组织、自适应；
- 生态系统外部环境变化。

需要相互协调，通过人工组织有序演化。个人信息生态系统的组织（Organizing），是使个人信息生态结构从无序、混乱，向制度化、规范化的有序演化，或从低向高有序演化。在组织过程中，作用并影响自组织过程，促使系统向恢复平衡有序演化。

b. 价值属性调节。在个人信息生态系统内、外部存在个人信息价值链，维系个人信息生态系统与社会生态系统间的关系。价值链上存在不同的个人信息需求，个人信息窃取者为攫取个人信息利益，获得商业利润，采取一切可能的手段获取个人信息；个人信息消费者存在两种情况：

- 基于某种合法利益，消费或过度采集自身需要的个人信息；
- 与个人信息窃取者同谋，消费并愿意支付相应的费用。

个人信息管理者则对个人信息收集、处理、使用中的不规范行为加以干预和管理。

价值链上不同的个人信息需求，诱发生态系统危机，导致系统失衡。需要组织的作用，调节个人信息生态系统价值体系，使之与社会价值体系相互适应、相互制约、相互促进，推进生态系统的进化。

c. 自律机制。是一种自组织形式，包括：

- 自我约束。个人信息生态系统内存在的道德规范和文化内涵对个人信息相关行为者的约束机制。
- 自我防护。个人信息生态系统内要素个体、各要素之间在自组织过程中的自适应过程。

在自律机制作用下，个人信息主体监督可能引发个人信息生态系统失衡的各种行为，并基于各种社会形态的相应自律标准，加以规范。

自律标准是一种组织行为。是与个人信息生态系统相关的各要素、社会形态、社会环境、社会活动和实践等共同建构协调个人信息生态环境安全的"秩序"，即控制、指导、干预个人信息生态系统行动规范的相应法规、标准、规章、制度等。

3.4 社会生态系统约束

社会生态系统是由社会系统构成的诸多要素子系统，如人、文化、传统、道德、制度、环境等等构成的复杂系统。

社会生态系统的构成要素，包括人、文化和环境三大要素，在生活、工作中，各要素之间相互作用、相互关联、相互影响。

人的生存环境构成了完整的社会生态系统，相关联、作用和影响的因素，包括家庭系统；职业系统；各种社会服务、政府等社会形态等等。人在与各种因素的互动中，其行为受到文化、传统、道德、思想、心理、制度、机构等的制约。

个人信息生态系统与社会生态系统是共生的。二者的主体都是人及与人相关的各种社会形态；与生态系统相关的资源，是人的生存所必须的、可以产生某种效能满足需要的社会资源，包括个人信息生态系统的生态资源——个人信息数据库；为了维持生态系统的相对平衡，需要建立一定的约束机制，包括道德、法律、规范、秩序等。

共生是两个生态系统相互关联、依托，互相作用和影响。共生宿主是社会生态系统，个人信息生态系统则是共生体。在这个共生关系中，个人信息生态系统只能依托社会生态系统存在，不可能独立于宿主。

因而，个人信息生态系统不是孤立的，将社会生态系统割裂成一块块，以个人信息安全的名义封闭、包裹。而是共生于社会生态系统内，通过个人信息数据库（生态资源），建立与社会生态系统的联接纽带，接受社会生态系统的制约，相互关联、相互作用和相互影响。

在共生关系中，在松散、杂乱、和谐的社会表象下，无论宿主、共生体，存在一种无形的秩序，即自组织、自适应。

3.5 实例分析

这是《东方早报》2010年8月6日刊载的一篇文章，披露了个人信息滥用的冰山一角。透过这篇文章，尝试探讨个人信息生态系统的形成。

3.5.1 实例

3000余万条公民信息被倒卖

求职简历每条一角至五角出售 获利高达数百万 9名被告昨获刑

网上出售公民个人信息资料的页面。（魏铁军 图）

求职、工作交往……甚至刚出生的婴儿的个人信息也被泄漏出去。于是，几乎每一个人的手机都收到过广告短信、推销电话，更有甚者身份被人冒用。

部分行业巨大的个人信息需求成为滋生犯罪的土壤。网络上开始出现大量贩卖公民个人信息的帖子。武汉女子周某甚至成立公司专门在网上出售企业信息和个人信息资料，最高达3000余万条获利100多万。

昨天，浦东法院开庭审理了周某等10人涉嫌非法获取公民个人信息一案，浦东法院院长丁寿兴担任审判长。经过审理，法院当庭作出一审判决，10名被告人均犯非法获取公民个人信息罪，其中9名被告人被分别判处有期徒刑两年至拘役6个月缓刑6个月不等，罚金4万元至1万元不等，另有一名被告人被免于刑事处分。

信息几乎囊括所有领域

2005年，武汉人周某注册了上海泰梦信息技术有限公司(下简称泰梦公司)，在网上出售企业信息和个人信息资料，生意日渐"红火"。周某找来丈夫的哥哥李某和外甥张某负责房产业主、车主、银行卡用户等方面的信息交易，周某自己则负责企业名录、经理人名录信息的销售。据周某交代，买家通过QQ、MSN、电话与其取得联系后，周某便将买家所需的信息资料刻成光盘，然后由招来的胡某、余某等4名员工为公司送货、收取货款。法院审理查明，自2009年3月至案发，周某通过互联网共向他人购买公民个人信息98万余条；自2005年至案发时止，公司盈利近200万元，其个人获利高达100余万元。

法院还查明，李某自2008年6月起离开泰梦公司开始"单干"，伙同张某在网上买卖股民信息、车主信息、房产业主信息等公民个人信息。案发后，公安机关从李某处扣缴的电脑盒移动硬盘内的公民信息几乎囊括了房产、IT、医疗、教育等与生活息息相关的所有领域。统计显示，2009年3月至今，李某共获取公民个人信息3247万余条。

检方认为，这些都是直接与公民个人身份相关，具有保护价值的信息。周某等10人贩卖此类信息的行为已经构成了犯罪。

虚假网络招聘套取信息

那么海量个人信息从何而来？

曾在某招聘网站工作的余某称，其获得的个人信息一部分从以前工作的招聘网站自己负责保管的资料中复制获取的。由于熟知招聘网站的流程，余某也曾从网络上购买各大招聘网站的招聘企业账号，登录后下载求职人员的个人信息。

此外，余某还在免费的招聘网站上发布虚假高薪招聘广告，骗取求职者投递个人简历，之后再按照每条简历一角至五角的价格予以出售。

而曾从事房地产行业的张某某表示，之前做房地产时曾从一网站上购买刻有股民信息的硬盘自用，后见有利可图便也开始倒卖。

3.5.2 个人信息需求

3.5.2.1 社会系统环境

社会系统是由人类相互依赖、相互作用形成的有机体，按照确定的行为规则、社会制度、经济关系演化。构成社会系统的社会、社会形态、文化、传统等要素，影响、制约人的活动、生活，并相互作用。

社会系统是复杂的巨型系统，社会形态、社会环境、社会活动和实践，以及文化和传统的影响，建构协调、约束社会系统的秩序，即控制、指导、干预人的行为、活动、社会平衡、经济关系等的法规、标准、制度等。

构成社会系统各要素自身的特征、价值、利益、关联、资源等多方面的冲突和矛盾，可能打破他组织状态。在他组织的作用和影响下，各个要素之间的相互作用和影响，需要自我约束、自我协调，促使社会系统的有序演化。

社会系统的发展和演化，各要素自身的特征、价值、利益、关联、资源等多方面的冲突和矛盾日益膨胀、扩大，促使构成系统的某些要素向低层次演化，他组织过程无序、秩序失效。

本案中，个人信息巨大的需求与社会系统相互关联、影响和作用。社会系统的发展、演化，某些构成要素需求性质的变化，个人信息附属人格利益具有了更多、更直接的商业价值和经济利益。

在社会系统的发展、演化过程中，未能建立有效的协调、约束秩序，如本案中虚拟空间的控制，某些构成要素，如本案中的上海泰梦信息技术有限公司的低层次演化，使个人信息主体、个人信息、个人信息环境及其他相关因素构成的平衡体失衡。

3.5.2.2 社会生态系统环境

社会生态系统是特定的社会形态，是人与其生活、活动环境有机构成的。如学校、企业、机关、村镇等，有人群聚集活动，就形成某种社会生态系统。

人是社会生态系统的主体要素，在社会生产、社会活动、社会生活中形成的人与人、人与各种社会形态、人与各种社会关系、人与社会环境等的关系，受到政治、法律、文化、传统、道德、制度等的约束，构成社会生态系统的平衡。

社会生态系统的组织和自组织是相互作用和影响的，当系统要素个体、要素与要素、要素与社会环境……的自组织反向作用，试图冲破这种约束时，抵消了组织的作用和影响，破坏了系统的平衡。特别是网络技术的普及和应用，为自组织的反向作用提供了助推剂。

本案所反映的事实，是个人信息在社会生态系统演化过程中的价值特征的体现：

a．我国几千年的文化、传统，强调群体的和谐、个人的正直、磊落和大公无私，忽视对个人隐私的尊重。强调群体价值和整体性思维方式的传统、文化，对社会生态系统影响的负效应是明显的。传统、文化的潜移默化，是系统内部要素个体、要素与要素之间自组织、自适应的能动。

b．随着经济的发展，现代社会经济活动中社会经济需求旺盛，凸显人格利益的商业价值和经济利益，更凸显个人信息的无形的物质性财产权益。个人信息的价值特征，是引导系统内部自组织反向作用的社会环境诱因。

c．社会生态系统内的社会、经济活动，系统与系统之间的作用和影响，系统与社会环境之间的作用和影响，形成基于非利益或利益的个人信息需求。这种需求，随着社会、经济的发展膨胀，对社会生态系统的平衡产生影响。

d．存在影响社会生态系统演化的各种因素，内部的、外部的、关联的，需要他组织导引生态结构从无序、混乱，向制度化、规范化有序演化，或从低向高有序演化，即建立完善的控制、指导、干预社会生态系统的相应法规、标准、规章、制度等。

3.5.3 个人信息源

3.5.3.1 源的目的性

源的目的性是个人信息收集的主要特征之一。个人信息收集必须在法律允许的范围内，设定某一特定需要的明确目的，并经过个人信息主体的明确同意。

在社会活动、经济活动中，基于管理、生活、工作等的需要，各种社会形态要求个人信息主体主动提供个人信息，如在学校留存的学籍信息、在医疗机构留存的医疗信息、在公安机关留存的个人信息、在工作单位留存的人事信息、在银行留存的个人账户信息等等；人们在买车、购房、保险、电话安装、办理各种会员卡、银行卡、优惠卡，以及电子商务等时，各电信运营商、房地产公司、保险公司、银行、网络运营公司以及各类零售商等，由于业务、经营的需要，往往要求个人信息主体填写真实、详尽的个人信息，包括姓名、性别、年龄、出生日期、住址、职业、电话、银行数据（账号、卡号等）、电子邮件，甚至习惯、爱好等；在网上注册（如电子邮件、聊天室、游戏厅、网站等）、问卷、调查等时，也可能要求填写真实的个人信息。

目的是行为主体根据自身需要（利益的或非利益的），在思维、行为的作用下，预先设定的。在社会生态系统内，人与人、人与各种社会形态、人与各种社会关系、人与社会环境等的作用和影响，形成多样个人信息需求形态。一般情况下，基于不同的个人信息需求形态确定的个人信息收集目的是明确、合理的，如公共机构是基于管理、工作的需要；经营机构则基于管理、经济利益的需要。但是，随着社会发展和市场经济的建立，凸显人格利益的商业价值和经济利益，更凸显个人信息的无形的物质性财产权益，诱发个人信息潜在需求转化为现实需求，个人信息收集目的变异。

分析本案，个人信息的潜在需求特点是：

a．在社会生态系统内，存在心理的主观故意。随着社会的发展，个人信息的价值特征日益凸显，人的潜意识中存在利用个人信息获取利益的主观意识。

b．当社会生态系统内个人信息相关因素缺乏秩序的约束，自组织反向作用和自适应的能动性，这种潜意识需求转化为现实需求。

c．全球经济一体化和社会信息化，推动个人信息潜在需求转化为现实需求，提供了巨大的商机。

3.5.3.2 源的质量

个人信息体现了个人信息主体的人格利益，个人信息收集的完整性、准确性与个人信息主体的人格权益直接相关。

个人信息质量反映个人信息主体的基本形态，体现个人信息主体区别于其他主体的基本特征和属性。个人信息质量的主要内涵，包括形态和内容的完整性、准确性、时效性。个人信息质量的主要源头，首先在个人信息收集过程中保证。主要包括3个方面：

a. 个人信息收集类别[1]

1. 直接收集：一般情况，为达成利益或非利益目的，直接收集的个人信息形态是基本完整、准确的。但某些社会形态为达成某种目的，片面地、人为割裂完整的个人信息形态，形成严重质量缺陷。

2. 间接收集：如本案，为个人信息交易间接获取的个人信息可能存在几种形态：

•完整的个人信息形态；

•基本完整的个人信息形态；

•片面的或琐碎的个人信息形态；

•过时的个人信息等。

后两种个人信息形态，可能形成扭曲的、不完整的质量缺陷，严重侵害个人信息主体权益。

3. 个人敏感信息：个人敏感信息涉及个人隐私，一般禁止收集。但某些社会形态为达成利益或非利益目的（除法律必需，或某些特殊情况），故意收集个人敏感信息。包括：

•间接收集；

•无特殊保护；

•不完整收集等。

均存在严重的质量缺陷，侵害个人信息主体权益。

b. 个人信息收集方式

1. 主动收集获得的个人信息形态往往是完整的或过度的。

2. 被动收集是采取各种技术、方法获取的个人信息形态，这种形态易于片面、扭曲。

---

1 参看《个人信息保护概论》4.4节。

c. 个人信息形态

完整的或基本完整的个人信息形态，可以保证其完整性、准确性。琐碎的、过时的个人信息形态，无法保证个人信息形态、内容的完整、准确。

3.5.4 生态系统的形成

在社会生态系统中，个人信息是发散的，其外延非常宽泛，个人信息的存在形态是无序、混乱的。如本案中，个人信息交易涉及房产、IT、医疗、教育等与个人信息主体在社会生活、社会活动中相互关联的所有领域，在缺少他组织秩序约束时，呈现无序、混乱的混沌状态。

在社会活动、社会生活中，个人信息主体、个人信息和个人信息环境是与社会生态环境相互关联、相互影响、相互作用的，从而构成了生态有机体，即个人信息生态系统。收敛发散的个人信息，通过他组织，促使生态系统结构从无序、混乱向制度化、规范化有序演化；促使系统内各要素之间的自组织、自适应自我约束、协调，有序演化和发展。

个人信息生态系统可以实体化为任何一类社会形态。组织、自组织、自适应约束要素，特别是关键物种的行为、活动、思维等。生态是个人信息主体与相关环境之间的相互关系。其环境包括物理环境和精神环境。物理环境主要是个人信息主体的存在空间；精神环境是伦理、思维、行为、人与人之间的人际关系等。个人信息是这种相互关系的存在基础。

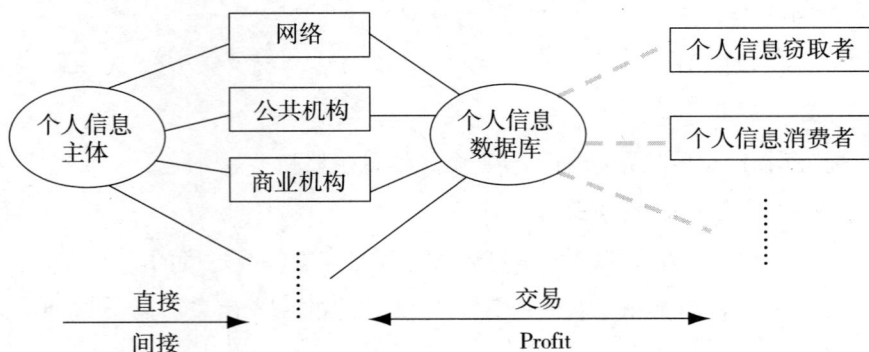

图3.1 个人信息生态系统价值链

个人信息交易是个人信息生态系统相互关系失衡，一方面物理环境提供了可资利用的条件，另一方面精神环境存在主观故意，使生态系统向低级演化的结果。本案涉及的各类社会形态缺乏秩序和自组织的自我约束和协调，交易成功取决于交易双方的密切合作。

第四章
个人信息数据库

　　在计算机科学中，数据库是一批相关数据的有序集合，按照数据结构组织、存储和管理。数据库是一个重要的基本概念，广泛应用于生活、工作中，形成不同专业门类的专业数据库。

　　个人信息是形成个人信息生态系统的基础，收集、积累形成的个人信息数据库是一类专业的逻辑统一的数据库，构成个人信息生态系统的基本资源。

4.1　自动处理和非自动处理[1]

《中华人民共和国计算机信息系统安全保护条例》将计算机信息系统定义为"由计算机及其相关的和配套的设备、设施（含网络）构成的，按照一定的应用目标和规则对信息进行采集、加工、存储、传输、检索等处理的人机系统"。

由计算机及其相关的和配套的设备、设施（含网络）构成的信息系统硬件平台是信息的载体、信息自动处理的基础。平台的核心是计算机系统，它由硬件和软件按照结构和功能构成、自动进行信息处理的通用工具。包括单机系统和计算机网络系统。计算机系统具有运算速度快、自动化程度高、具有逻辑判断和自动处理能力的特点，并为按一定的应用目标和规则进行信息处理应用提供支持。

计算机网络系统是利用通信线路和通信设备将分布在不同地理位置的、具有独立功能的多个计算机系统及其配套设施互相连接起来，配置系统软件、支撑软件和应用软件，实现数据通信和资源共享。

利用计算机网络系统可以实现许多计算机单机系统无法实现的功能。资源共享和数据通信是计算机网络系统的重要功能之一。资源共享是指计算机网络系统中运行的所有信息资源，包括硬件系统、软件系统、数据等，网络用户都能够部分或全部地享有、利用和处理。

数据通信是计算机网络系统的基本功能之一，是根据网络协议，利用数据传输技术，实现计算机终端之间的信息交换和信息处理。如科学计算、文件传输、信息检索、目录查询、过程控制等。

随着信息技术的普及，计算机网络系统作为信息传输、信息处理、信息交换的工具，越来越多地用于信息搜集、下载、加工处理或其他用途。国际互联网络（Internet）上储存、流动着大量的、种类繁多的各式信息，个人、政府、法律和国家安全机关、团体、各种商业组织等都可以根据自己的意愿和目的，通过各种各样的方法或途径，利用这些信息。

计算机系统按照一定的目标和规则进行信息处理。目标是根据应用目

1　本节选自《个人信息保护概论》。

的、环境因素等诸多条件，按照确定的规则设定的；规则则是执行目标需要遵循的规范。基于不同的应用目的，信息处理的目标是不同的。个人信息保护的目的，是保护个人的隐私不被他人非法侵犯、知悉、收集、利用或公开的人格权；而"网络钓鱼"的目的，则是利用欺骗性的电子邮件和伪造的Web站点进行诈骗活动。

信息处理是基于一定的目标和规则，采用某种处理形式，对数据进行的有意义的操作。信息处理形式包括信息获取、信息分析、信息加工、信息利用、信息存储、信息传递、信息检索、信息咨询、信息交换等。自信息获取至信息销毁，处理是始终的。即使在信息存储平台上，信息是静止的，仍然在处理状态。

个人信息自动处理是利用计算机系统及其相关和配套设备、计算机网络系统，按照一定的应用目的和规则进行个人信息的收集、加工、存储、传输、检索、咨询、交换等业务。

由于仍有许多个人信息的处理尚未实现自动化，如指纹、声音、照片等，与自动处理的个人信息具有同等的意义和价值。因此，个人信息的非自动处理应是按照一定的应用目的和规则，人工进行个人信息收集、加工、存储、传递、检索、咨询、交换等业务。

4.2 综述

4.2.1 基本概念

随着信息技术的发展，愈来愈多的个人信息利用计算机系统自动处理，如人事信息、户籍信息、个人信用信息等；但仍有大量的个人信息采用非自动处理方式，如房屋销售、物业管理，以及许多声音、照片等。

在社会、生活、经济、行政管理中，政府、机关、事业、团体、企业、商业机构等各种社会形态，乃至某些个人，基于不同的目的和应用，大量收集、储存、积累个人信息，并根据需要管理、处理和使用。这些个人信息的记录形态包括纸、电子、磁、光、网络等。

无论自动处理，还是非自动处理，个人信息的存放形式均呈现数据库的形态，但个人信息数据库并不是技术层面的数据库概念。各种社会形态将收集到的个人信息，根据特征、类别、需求，按照一定的方式组织、存储和管理，构成综合的个人信息数据库。根据综合的个人信息数据库反映出的不同的自然人群的个体特征和个人信息处理目的，对个人信息采取不同的处理方式，满足不同的社会形态的需要。

个人信息数据库是依据一定的目的和规则，按照一定方式，收集、组织、排序、整合、存储，构成逻辑上统一的个人信息的集合，与集合相关的管理、技术手段，集合的存储媒介和管理方式等构成的个人信息生态系统的基本资源。

个人信息需求是个人信息数据库形成的动力。由于个人信息的属性、特征，个人信息收集愈详尽，个人信息处理和利用的空间愈大，增值潜力也愈大。个人信息收集存在几种情况：

a．基于自然人的人格权益，有目的、有计划、有选择地采集特定自然人的信息。

b．有目的、有计划，尽可能详尽地采集自然人的个人信息（过度采集，其目的存在多种可能）。

c．恶意收集。

所构成个人信息数据库的功能、用途存在差异：

1．非商业的：如a，限定在目的范围内，合法使用。如b，可能是非商业利益的过度采集，追求社会效益。

2．商业的：如c，随意地攫取个人信息，以获得经济利益。如b，限定在一定目的范围内、基于商业利益的过度采集。

通过对数据库内个人信息的分析，可以获得更多的个人信息主体未透露的信息，进一步深度开发个人信息，从而多次、无限制地反复处理、利用个人信息，重复获得倍增的社会效益、经济利益。

各种商业机构、网站等，出于经营需要，采用各种方式，主动地、被动地，尽可能详细的收集个人信息。根据商业利益分析某个人的消费习惯、爱好、行为等，采取有针对性的商业行为或活动，以便获取更大的利润。

房地产商拥有的个人信息数据库，是商业性的。可以是为便于与购房人之间的联系而拥有，但如果房地产商提供给其他不同的商业机构使用，购房人就可能难以摆脱房屋装修、家具制造、家用电器、房屋中介等不同商品经销商的纠缠。

4.2.2　结构

一般意义的数据库技术，是研究如何存储、使用和管理数据，主要包括数据收集、数据存储、数据传输、数据处理、数据输出等几个方面，为解决特定任务，服务多种应用，按照某种数据模型组织、存储和管理数据的集合，在管理过程中，根据需要进行相应的处理。

数据库系统可以分为网状型、层次型、关系型和对象型：

a．网状型数据库：网状数据库处理以记录类型为结点，将网状结构分解为二级树结构的网状数据模型。网状数据库可以更直接地描述现实世界，如一个结点可以对应多个双亲。

b．层次型数据库：层次型数据库是网状型数据库的特例，其数据模型是由一组通过链接互连的记录组成，其模式是树结构图。

c．关系型数据库：关系型数据库是基于关系模型，采用数学方法组织、存储、处理数据的数据库系统。

d．对象型数据库：对象型数据库是将面向对象的思想、方法和技术引入数据库，提供更加灵活、简单的数据处理方法。

个人信息数据库的存在形态是纸质、电子、磁介质、网络等媒介，因而，数据库的结构是多样态的：

a．自动处理：如前述，自动处理是利用计算机系统及其相关和配套设备、计算机网络系统，按照一定的应用目的和规则进行个人信息的收集、加工、存储、传输、检索、咨询、交换等业务。自动处理形成的个人信息数据库，存在不同的结构：

1．各种社会形态基于管理、工作等的需要形成的关系型数据库。如人力资源管理，通常将员工的个人信息（姓名、年龄、性别、籍贯、工资、简历等）以表的形式存放，可以根据需要编辑、检索员工的基本信息。这种表与表的形式形成基于关系模型的关系型数据库。

2．某些社会形态基于利益的需要形成的数据库。如个人信息主体在参加某些网上活动时，往往被要求提供详尽的个人资料。所收集的个人信息是分散的、毫无关联的，然而采用统一的方法控制、维护、管理和开发，形成的数据结构是不确定的。基于二次开发的需要，网状型数据库似乎更适于描述个人信息主体显性和隐性的信息。

b．非自动处理：如前述，非自动处理是按照一定的应用目的和规则，人工进行个人信息收集、加工、存储、传递、检索、咨询、交换等业务。非自动处理的个人信息形态包括纸质资料、声音、图像等。

非自动处理形成的个人信息数据库，其结构展现的是物理的实体形态。非自动处理过程中形成的个人信息数据库，可能是自动处理形成数据库的备份，如前例，在人力资源管理中，往往同时保有员工个人信息的纸质文档；也可能是分散的、毫无关联的个人信息的累积，如在物业管理中，业主的个人信息。数据库结构是有序、可控的，采用统一的方法控制、维护、管理和开发。

4.2.3 事务

数据库事务是由一系列操作序列构成的程序执行单元，并保证程序执行的可靠和可预测。如在网上购物中，如果交易失败，必须保证执行交易前的数据库状态不变。

个人信息数据库事务，与一般意义的数据库事务不同，是在个人信息生态系统构建过程中人工确立的执行单元，以确保执行过程的安全、可靠。

以物业管理为例，当业主入住小区后，个人信息数据库操作，一般包括：

a．根据业主填写的个人信息，更新已建立的个人信息数据库（是在购房过程中形成的）；

b．保存业主与物业之间相关的个人资料，建立与相关社会形态的交互；

c．更新业主的相关个人资料。

在业主入住小区后，这些操作在物业管理过程中有序、成功执行。但是，如果在物业管理过程中的某个环节出现意外，如个人信息数据库更新时的异常、与某社会形态交互时个人信息的不确定等，将导致相应的管理活动失败。在这种情况下，数据库状态必须保持不变，否则，个人信息数据库内容将产生混乱，同时，在物业管理过程中如果引发个人信息威胁，将导致信用危机。

个人信息数据库事务是个人信息存储、处理、管理的人工操作流程（自动处理形成的个人信息数据库遵循数据库事务ACID属性，同时遵循人工操作流程），包括：

a．简明、易懂地存储、记载个人信息，保证个人信息的唯一性；

b．确认数据库内保存的个人信息准确、完整，必要时采取相应措施；

c．确定数据库内保存的个人信息的时限，必要时采取相应措施；

d．检查、确认操作权限；

e．数据库调用时，明确目的、方式、方法等；

f．数据库安全管理；

g．适时更新、完善……

4.2.4 管理

个人信息数据库管理，是保证个人信息数据库事务完整、可靠、安全的机制。在个人信息数据库管理中，需要监控个人信息存储目的、存储时限、获取方法和途径、信息质量、事务操作等。

管理是一种活动或行为，法国人法约尔（Henri·Fayol）将管理定义为五种特定类型的活动：计划、组织、指挥、协调和控制。以实现目标服务为目的，通过这些活动，有效组织和协调各类资源，保证目标的实现。

管理的职能定义了管理行为的性质和类型。狭义的基于个人信息数据库的管理是以占有、利用个人信息为目的的管理行为，是管理个人信息生态系统资源及针对这些资源的活动和行为。

4.2.4.1 管理职能

广义的基于个人信息生态系统的管理，大致可定义为5种特定的活动：

a．决策与组织：决策与组织贯穿于管理的全过程。决策的内容主要是选择管理的目标，确定管理行为。在选择目标的决策中，应强调与个人信息主体的符合性、一致性和主观性，管理工作中的各种行为和相应的手段，限定在个人信息主体同意的范围内，保证管理的有效性、合法性。

组织是个人信息管理者根据个人信息生态系统的构建目的、安全目标，有效管理个人信息生态系统的行为或活动。组织行为具有目标一致性、原则统一性的特点。组织的形式多种多样，可以根据决策设计和调整生态系统的结构、生态系统资源的分类、生态环境的维护、管理者的职责和行为、自组织、自适应等；

b．规划与人事：规划是在决策目标确定后，对个人信息生态系统的管理行为的预先设计。论证个人信息生态系统构建目的、安全目标、构建机制、策略和方法等，保证与个人信息主体意愿的一致性、符合性；确定可能出现的各种风险的应对策略，为实施控制提供依据。

人是个人信息生态系统的关键物种，包括管理主体的行为是个人信息生态系统管理的关键因素。根据决策和规划，定义个人行为准则，明确责任和职能，保证个人信息主体的权益不受侵犯。

c．控制与监督：控制是对个人信息生态系统的管理活动、行为及后果实施制衡和修正，以保证个人信息生态系统的平衡及与个人信息主体意愿的符合性和一致性；并对管理过程中目的、范围、手段和方法、修正、权利和义务等各个方面进行监督。

d．协调与沟通：个人信息生态系统与各种社会形态、与各要素之间的关系，需要协商、调解，使双方和谐地配合，既保证个人信息生态系统的平衡，也有利个人信息的自由流动。

在协调中，需要双方采取各种方式，包括语言的或非语言的形式进行沟通，以在双方之间传递和理解管理的意义。

协调与沟通的基准，是保障个人信息主体的人格利益不受侵犯。

e．评估：在个人信息生态系统管理中，应随时对个人信息生态系统活动和行为的目的、范围、手段和方法、风险因素等多个方面进行评估，提出修正或补救措施、应对策略，避免对个人信息生态系统失衡。

广义的个人信息生态系统管理职能蕴含狭义的生态系统内各个要素的管理职能，后者更具针对性。

4.2.4.2　管理措施

个人信息数据库应提供以下功能：

a．个人信息数据库定义：个人信息数据库保存个人信息，必须定义个人信息数据库的结构、存储方式、质量标准、检索方式、时限等；

b．个人信息使用：可以实现对个人信息数据库中个人信息的检索、编辑、传输等处理；

c．个人信息集中控制：不论个人信息的存在状态如何，均实现集中控制和管理；

d．个人信息质量和可维护性：个人信息安全性、可靠性控制。包括：

1．安全性：采取各种安全管理措施，防止个人信息丢失、泄露、滥用；

2．质量控制：确保个人信息的准确性、完整性、可用性、安全性和最新状态；

3．权限控制：防止未经授权的不当使用；

4．故障处理：个人信息备份、恢复、重组，防止个人信息的损毁。

由于个人信息数据库体现了个人信息主体的人格利益和价值属性、个人信息数据库的多样性、个人信息数据库事务等，必须采取相应的管理措施，保证个人信息数据库的安全：

a．保存在个人信息数据库中的个人信息必须简明、易懂，易于查询、调用、复制；

b．保存在个人信息数据库中的个人信息，必须根据个人信息收集、处理目的，设定明确、合理的保存时限；

c．建立个人信息数据库管理机制，主要包括：

1．个人信息数据库的管理和使用；

2. 个人信息数据库管理者的责任和义务；

3. 个人信息数据库管理和使用权限；

4. 个人信息数据库安全管理机制；

5. 个人信息数据库的故障处理机制；

6. 个人信息数据库维护机制；

7. 个人信息数据库事故处理。

d. 建立个人信息数据库使用备案管理制度等。

4.3 属性和特征

个人信息数据库是个人信息生态系统的基本资源，是在社会生活、活动和实践中逐步形成的，具有个人信息环境、各种社会形态和环境制约因素的属性和特征。

4.3.1 属性

属性是事物之间在相互关联、相互作用中表现出来的本质。个人信息数据库的属性是个人信息生态系统与社会生态系统共生中体现出的个人信息数据库的特质：

a. 时限性。个人信息数据库反映的时间形态。个人信息是各种社会形态，基于不同的目的和应用，在特定环境、特定条件、特定时间内收集的，反映了个人信息主体在特定环境、条件和时间内，在社会活动、实践中的社会地位、社会关系和所扮演的角色。个人信息数据库的时间形态，是通过个人信息的时限性表现的，其时间维度以个人信息生命周期各个不同阶段的时间段演化。在个人信息生命周期的各个阶段，既反映个人信息数据库形成和个人信息的基本形态，也反映了数据库的时间形态。

b. 社会性。个人信息数据库是各种社会形态，乃至某些个人，在社会实践、社会活动中基于不同目的和应用，大量收集、储存、积累个人信息逐步形成的，因而，继承和扩展了个人信息的社会属性（个人信息的社会属性，除先天遗传因素外，是在人与人之间的相互作用和制约中逐渐形成的）。

个人信息数据库广泛存在于政府、机关、事业团体、企业、商业机构等社会形态中。这些社会形态在社会生态系统中的角色、地位、社会属性等，是个人信息数据库社会性属性形成的环境（外在）因素。

c．价值异化。随着社会经济的发展，个人信息的价值特征日益凸显，是引发个人信息生态系统失衡的主要原因。个人信息数据库的价值异化，是随着社会经济、科学技术的飞速发展和个人信息价值特征的日益凸显形成的。一方面，需要规范个人信息数据库的价值体系，使之适应个人信息生态系统的正向演化，达到个人信息生态系统的平衡；另一方面，某些社会形态需要维护个人信息生态系统的失衡，利用个人信息的价值特征，促使个人信息生态系统反向演化，以获取最大的商业利益。

d．人文性。个人信息数据库不仅仅是个人信息的集合体，它的深层次反映的是传统、道德、文化、规范、观念、价值观等。基于个人信息数据库的人文性，尊重和保护个人信息主体的人格利益和人格权益。

4.3.2 特征

个人信息数据库的特征，是个人信息数据库的构成所反映出的特性。它映射出个人信息数据库拥有者的动机、认知、价值观等。

个人信息数据库反映了数据库专业领域的本质特征，同时，映衬出区别于数据库专业领域的不同特征。

a．客观性。人格要素是构成个人信息的要件，包括物质性人格要素和精神性人格要素。它客观地反映了个人信息主体的遗传特征和在社会生活、社会实践中形成的人格要素，是个人信息主体社会角色、地位等的真实体现。

个人信息数据库的适用对象是未知的事实，在个人信息与未知事实之间，存在客观、内在的理性因素，奠定个人信息数据库的真实性和客观性。

b．相关性。个人信息数据库的相关性特征，包括两个方面：

1．个人信息数据库是个人信息生态系统形成的基础，是个人信息生态系统与社会生态系统联结的纽带，体现出共生生态系统之间的关联、作用和影响。

2．个人信息数据库聚集的个人信息与事实之间存在实质关联，这种关联为人们认识并现实地以各种方式使用。确认这种关联，必须明确他组织确立的秩序、风险辨识等。

c．质量特性。个人信息数据库的质量特性，是个人信息数据库的关键特征，包括两个方面：

1．一般而言，产品质量是产品为满足用户使用需要必须具备的物质、技术、心理和社会特征的总和，包括有效性、安全性、适用性、可靠性、可维修性、经济性和环境等。个人信息数据库亦应符合这一标准。

2．个人信息的质量，包括个人信息形态的完整性、准确性和时效性，如1．3所述。

如前述，完整的或基本完整的个人信息形态，可以保证其完整性、准确性。琐碎的、过时的个人信息形态，无法保证个人信息形态、内容的完整、准确。

4.4 交 易

个人信息交易正在或已经形成一条黑色产业链。如图3.1所示，任一控制个人信息数据库的社会形态，都可能存在与个人信息窃取者、个人信息消费者或其他个人信息使用者的交易行为。

4.4.1 交易的特征

交易是基于个人信息数据库的一种市场行为或活动，既要承担因此产生的风险，也享有相应的利益。

个人信息交易的特征，主要表现为：

a．交易主体不确定

交易发生时，交易双方可以是个人信息管理者、个人信息消费者、个人信息窃取者。个人信息窃取者可以是个人信息消费者，个人信息消费者可以是个人信息窃取者。个人信息管理者既是个人信息获取者，也是个人信息消费者。

b．权利主体不变

个人信息是人格利益的体现，以主体的人格为存在基础。当交易发生时，不存在个人信息主体权利的转让。人格利益由个人信息主体唯一拥有，仅仅在个人信息主体授权范围内，发生人格要素的使用权的转让。

c．信息不对称

无论在什么情况下，个人信息的交易多数是在个人信息主体不知情或不能控制的情况下发生的。个人信息主体不清楚交易双方的基本情况、交易目的、交易手段、安全措施等，更不清楚个人信息的收集、使用目的、方法、后处理方式等，是个人信息生态系统失衡的主要原因之一，直接侵犯了个人信息主体的知情权、控制权等合法权益。

d．交易客体无形性

交易的客体是个人信息数据库，它所储存的个人信息是无形的，依附于个人信息主体存在，具有可复制性、可传播性，并可在不同时间、不同物理或虚拟位置满足不同社会形态、不同人的需要。同一个人信息主体的个人信息，可以同时、多次、无限制地反复处理、使用，重复获得倍增的经济利益。

e．交易内容复杂性

交易不仅仅是个人信息使用权限的转让，个人信息蕴含多项个人信息主体权利和人格利益、拥有个人信息者的多项义务以及其他与该个人信息相关的信息。交易中，与个人信息相关的权利、利益、义务、信息等是不能完全交易的，主体权利不能改变，义务必须继承。

f．交易方式多样性

个人信息交易目的和利益不同，个人信息需求千差万别，个人信息数据库存储（记录）的个人信息形态也不尽相同。交易双方采取各种方式、手段，如基于主体权利：个人信息主体明确同意、个人信息主体默认、未经个人信息主体同意等；基于商业利益：网络、短信、社会工程等……

g．合约不完全

收集、处理个人信息时，收集、处理者与个人信息主体签订的合约，缺少规范的个人信息安全约定，如房地产销售、汽车销售、医疗、招聘等。

在交易活动中，由于交易行为的不规范，导致个人信息主体失去个人信息控制权，且不可恢复。个人信息潜在的人格利益不可逆转的灭失，对个人信息主体产生巨大的安全隐患和威胁。如个人信息窃取者为谋求市场价值、商业利益，公然攫取、擅自开发人格要素的价值特征。

4.4.2 交易的形式

交易形式是个人信息的流动方式。基于个人信息数据库的交易，是个人信息管理者将所拥有的个人信息以某种利益形式有偿转让的行为或活动。

交易行为是动态的，是一个相对完整的过程。在个人信息生态系统内，个人信息交易必须约束在他组织确立的"秩序"下，不独交易结果，必须建立整个交易过程的规范体系。

交易行为具有计划或方法，交易双方的主观意识，不能直接被外界感知，必须借助交易行为传达。通过交易计划或方法向对方传递交易信息。

交易过程是随机的、多样态的，没有固定的形态。

与交易相关的要素，主要包括：

a．交易环境：个人信息生态系统内个人信息环境、个人信息主体行为、关联要素及社会生态系统、社会环境等；

b．交易过程：交易行为的直接客观存在；

c．交易产物：如合同、协议、公证及其他服务产品等。

交易行为或活动，主要包括：

a．基于某种利益关系的个人信息交换，是以个人信息为基本的实物形态特征的有偿收益行为或活动。其特征包括：

1．在社会活动、经济活动中互相交换个人信息行为的基础是等价值的；

2．在个人信息交换过程中并不直接体现价格因素；

3．个人信息交换体现了某种经济形态的个人信息需求特征；

4．个人信息交换在经济形态变化或某种利益驱动下可以转换为b。

b．基于某种利益关系出售个人信息，是以个人信息为标的物获取最大利润的有偿收益行为或活动。存在两种形式：

1．销售者以个人信息的价值特征、价格因素等各种手段刺激个人信息消费者购买。

2．具有特定需求的个人信息消费者存在寻找兜售个人信息的销售者的过程，双方是互动的。

销售者并不确定，个人信息窃取者、个人信息消费者和个人信息管理者都可能是个人销售者。

个人信息是个人信息主体的人格利益的直接体现，包含经济利益、具有商业价值的特定的人格利益兼具人格权属性和财产权属性，是自然人在现代社会经济活动中其人格要素商品化、利益多元化的现实反映。在现代社会经济活动中，社会经济需求的旺盛，促使商业机构为谋求市场价值、商业利益，公然攫取、擅自开发人格要素的财产价值，从而使人格要素的商品化利用成为必然。

商品化利用是双向的，一方面个人信息窃取者利用各种方法、手段，公然攫取、擅自开发人格要素的财产价值，建立相应的黑色产业链；另一方面个人信息消费者在社会活动和社会生活中，基于自身利益建立与黑色产业链的关联。

4.4.3 其他概念

在目前的研究中，基于个人信息数据库的交易行为，存在不同的定义：

a．转移

在工信部组织编制《个人信息保护指南》（征求意见稿）中，有学者首次提出"转移"的概念，以描述交易行为，即将保存或拥有的个人信息移交给其他自然人、法人或组织的行为定义为转移（以下简称定义）。

定义描述了转移的一般理解。然而，转移是个人信息扩散的一种行为和过程，必须厘清过程的内涵和复杂性。

1．转移的内涵

转移是当环境、条件等因素变化时，从一种存在状态到另一种存在状态的转换、变化，在转换、变化过程中存在差异，主要包括：

①转移主体的属性：由于各种社会形态存在不同的属性形成转移的差异；

②转移目的：由于各种社会形态收集个人信息目的不同形成转移差异；

③转移边界：由于各种社会形态扩散个人信息的方式、目的不同形成转移差异。

根据这种差异，转移可以划分为：

①利益转移：基于个人信息价值特征的个人信息移动。目的不同，利益相同；

②行为转移：个人信息相关行为的移动。如个人信息管理者的变化、个人信息管理行为的转换等。

在转移的一般描述中，责任和义务是不确定的。由于转移是一种个人信息扩散行为和过程，无论何种转移类型，均存在目的性和功利性，必须附带个人信息管理者的责任和义务，明确个人信息主体的权利。因而，转移并不能精确传递基于利益移动个人信息行为和过程的要义。

2. 过程复杂性

①基于个人信息生态理论，个人信息生态系统与社会生态系统是共生的，二者相互关联、相互依托，相互作用和相互影响。在这个共生关系中，个人信息数据库是二者的联系纽带，个人信息生态系统接受社会生态系统的制约。因而，转移不是简单的移交，是复杂系统中的一个复杂过程。

②转移行为或活动，可以包括4种形式的个人信息移动：

•有形的移动：保存在设备、介质中的个人信息转移；

•虚拟空间内的移动：在虚拟空间中转移个人信息；

•无形的移动：利用个人信息主体无形的精神性人格要素的个人信息转移；

•被动的移动：违背个人信息主体意志的个人信息转移，如被窃、丢失等引发的个人信息转移。

③交易、交换、提供、委托、利用故意……，均是转移行为，但转移路径不同，过程模式存在很大差异。同时，需要不同的管理、技术、资源、环境等的保障。

转移的内涵和外延很宽泛，既包括个人信息交易，也包括合法的个人信息提供、委托等，因而，仅仅定义转移的一般概念，是不能完全涵盖的。

b. 营销

在工信部组织编制《个人信息保护指南》（讨论稿）时，也有学者提出"营销"的概念。

营销是个人或群体通过创造并同他人交换产品和价值，以满足需求与欲望的一种社会和管理过程。被誉为"现代营销学之父"的菲利普·科特勒（Philip Kotler）博士在《营销管理》一书中将营销定义为："在适当的时间、适当的地方以适当的价格、适当的信息沟通和促销手段，向适当的消费者提供适当的产品和服务的过程"。

这个定义包含了营销的四大要素：产品（Product）、价格（Price）、促销（Promotion）和渠道（Place），包括市场环境分析、竞争对手分析、市场细分、市场定位、业务预测、产品试投放、跟踪反馈信息等基本的实施步骤。

基于个人信息数据库的交易行为或活动，宏观上也是市场营销过程，但在微观上不完全具备营销的要素，市场行为缺失。

在个人信息安全领域，个人信息交易与营销存在很大差异，同样不能精确传达个人信息交易的要义。

第 **五** 章
个人信息安全管理体系

　　建立个人信息安全管理体系的基本目的是满足个人信息管理的需要，指导各类组织建立健全各类管理机制，协调各类资源，充分保障个人信息主体的权利，保障个人信息管理业务的稳定运行。

5.1 体系

5.1.1 体系的概念

英文System来源于古希腊语systema。systema源自synistanai，是由意为"共同"的syn和意为"建立、组合"的histemi构成的复合动词，引伸为由部分组合成整体之意，汉语语义可以释义为体系或系统。

系统，系是有联系的、相互关联的；统是总体的、连续的。系统一般表示为同类事物按一定的秩序和内部的相互关联构成的、具有一定结构的复杂整体。

体系，体是事物的本身或全部、事物的规则、状态。体系同样表示同类事物按一定的秩序和内部相互关联构成的整体，但可以体现出，在一定的范围内，系统整体各个组成部分相互关联的状态。

系统和体系运用于不同的环境中具有不同的内涵。系统是具有特定功能、由相互关联的若干要素构成、可以实现预定目标的复杂的有机整体。体系则反映了整体内要素与要素、要素与系统、系统与环境等之间相互作用又相互依赖的状态。

系统（体系）具有以下特点：

a. 是由两个或两个以上要素组成；

b. 要素之间相互关联，以保持相对稳定；

c. 具有一定的结构，以保持有序性；

d. 具有特定的功能。

任何系统（体系）都是一个有机的整体，它不是各个要素的机械组合或简单叠加，各个要素的有机整合，构成系统（体系）整体性能。系统（体系）中的各个要素不是孤立存在，每个要素在都发挥着特定的作用。要素之间相互关联，构成不可分割的整体。如果将要素从整体中割裂出来，它将失去要素的作用。

体系的特征，包括：

a. 明确的目标：体系构建、体系结构是人为设定的，因而，必须有明确、既定的目标；

　　b．适宜的适用范围：体系的外延性。依据既定目标，识别、理解体系的对象事物，并完全纳入体系内管理；

　　c．完善的管理机制：体系具有相对完整的管理机构、管理能力、管理措施等；

　　d．持续改进、完善：体系具有不断自我更新能力。

5.1.2　生态系统与体系

　　系统可以包容体系。在一个系统中，可以有许多体系。在社会系统中，文化、传统、道德等是一个体系，人也是一个体系。

　　体系是个人信息生态系统的演化形态。个人信息生态系统是复杂系统，在一个多维的复杂系统中，包含众多变化的因素，包括环境因素、人为因素、技术因素、管理因素、制约个人信息生态系统的社会生态系统因素等，这些因素相互关联、相互作用、相互影响；存在他组织、自组织行为的效能，生态系统的准确抽象是困难的，也难以实施测量。

　　个人信息生态系统的动态演化行为，可以投射到一个恰当的形态上，这个形态具有较低的维数，可以映射出个人信息生态系统的特征、属性，各种因素约束在这个形态中，可以相互关联、协调，实现相对均衡的状态。

　　社会生态系统内共生着许多具有特质的生态系统，它们的演化行为均以体系的形态体现出来。如ISO9001质量管理体系是质量生态的演化形态，它是针对既定目标，识别、理解、管理相互关联的管理职责、资源管理、产品实现、评估、分析与改进等过程所构成的体系。

　　体系不是孤立、割裂的，构成体系的要素、过程、活动也不是孤立、割裂的，与生态系统相关联，相制约，接受生态系统确立的秩序，规范、有效地展开体系内各种活动，约束关键物种的行为。

5.2　体系构成

　　个人信息安全管理体系不是简单的要素叠加，是在相互关联、相互作用和相互影响的过程中形成的有机整体。体系的运行，是通过构成要素的作用实现的。

5.2.1 机制

机制Mechanism，源于希腊语Mechane，原指机器、机械的构造和工作原理，应用于生物学和医学，表示生命有机体的构造、功能和相互关系；在管理科学中，表示体系内部组织形态、构成要素按照一定的规则相互作用实现特定功能的过程和方法；在社会科学中，同样表示社会有机体的构造、功能和相互关联、相互作用的过程和方法。

机制是个人信息安全管理体系的构成要素，是体系运行过程中，体系功能与各构成要素之间相互关联、相互作用的制约。

5.2.1.1 管理要素

与个人信息安全管理体系相关的管理要素，主要包括：

a．人员。人是个人信息生态系统的关键物种，能动的作用于系统。人员可以分为管理者和被管理者。

1．管理者。在个人信息安全管理体系中，管理者处于主导地位，负责个人信息管理的计划、组织、领导、激励、协调、控制工作。

管理者可以分为最高管理者和管理者代表：

（1）最高管理者

最高管理者在个人信息安全管理体系建设中的作用是关键的。最高管理者根据组织（某种社会形态）的目标、业务和经营方向，统一内部环境，创造规范、高效、团结、活跃的组织文化和环境，使全体员工充分参与保护个人信息安全的各项活动，以达到个人信息安全的预定目标。

最高管理者的角色，包括：

• 制定决策。根据组织的发展目标、业务和经营方向等，制定个人信息管理决策，分析相关因素，确定实施方案；

• 明确个人信息管理目标。最高管理者应充分认识个人信息安全的重要性，明确个人信息管理的目标，制定个人信息管理方针、支持并实施构建个人信息安全管理体系；

• 明确管理者代表。最高管理者应指定管理者代表，并具有相应的权限：确保个人信息安全管理体系的构建、实施和运行；向最高管理者报告体系的运行和改进情况；确保组织内员工个人信息安全意识的提高、过程改进等；

• 责任落实。最高管理者应确保个人信息管理相关机构、机构职能、权限、相互关系建立和规定以及个人信息管理规章的制定；

• 资源分配。建立个人信息安全管理体系，需要投入必要的资源，提供相关的条件，如人员、设施、资金、信息、工作环境等。最高管理者应为个人信息安全管理体系建立所需资源提供切实可行的支持，以保证体系的构建、实施和运行，达到预期的目标；

• 领导协调与控制。个人信息安全管理体系运行过程中，可能发生各种矛盾，出现各种不利因素，需要最高管理者协调、控制，避免影响体系的正常运行；

• 过程改进。最高管理者对个人信息安全管理体系的持续改进、完善负有领导责任。

（2）管理者代表

管理者代表是最高管理者指定，代表最高管理者负责个人信息管理工作，推进个人信息管理工作的展开。

管理者代表的角色，包括：

• 代表最高管理者负责个人信息安全管理体系构建、实施和运行；

• 获取个人信息安全管理体系建设、运行相关的各种信息，清晰了解体系的状态、环境；

• 传播个人信息安全管理体系的相关信息；

• 合理配置个人信息安全管理体系所需的各种资源；

• 实时监督、检查个人信息安全管理体系建设和运行状况。

2．被管理者。在个人信息安全管理体系中，被管理者处于从属地位，接受管理者的领导，遵从个人信息安全管理体系确定的各项机制。被管理者包括：

（1）个人信息安全管理体系内的各类管理者，在执行管理职责的同时，也是被管理者；

（2）组织的全体成员；

（3）与组织相关的非组织成员。

b．管理结构。管理结构是组织内全体员工为实现个人信息安全管理体系的目标实施的分工协作，并明确职能、责任、权限等。

管理结构主要包括：

1．体系的目标和功能。确定个人信息安全管理体系的目标和功能。实施目标管理，根据目标的层次、边界和体系的功能要求，分解目标，明确职责、权限、能力；

2．体系的构成方式。根据体系的目标、要素的相互关系等，确定个人信息安全管理体系的构成；

3．组织结构。个人信息安全管理体系各种要素的组织形式。包括：

• 组织形式的不同，个人信息安全管理体系的构成方式也不同；

• 依据构成方式，确定不同的结构，如管理机构的设置及职能和权限的划分等。

c．技术。在个人信息安全管理体系构建、实施、运行过程中，积累的经验、知识，展示知识、经验的物质设施以及相应的方式、方法、手段、活动等。包括3种形态：

1．经验形态。在个人信息管理实践中的认知、技能等；

2．知识形态。包括个人信息相关的经验知识的总结和系统科学知识的运用；

3．物质（实体）形态。个人信息安全管理体系相关的工具、设备、材料等资源。

与个人信息安全管理体系相关的技术类型，包括管理技术、信息安全技术、质量管理技术等。

d．资源。个人信息安全管理体系相关的信息资源，如1．1所述。

e．环境。环境是与个人信息生态系统相关，并影响个人信息安全管理体系运行的各种因素。主要包括：

1．个人信息环境。如3.2.1.3所述；

2．中观环境。与社会形态相关的行业形态、其他关联社会形态的影响；

3．宏观环境。社会系统、社会生态系统的影响等。

5.2.1.2　管理机制

管理机制是社会形态内在的客观存在和现实，以管理结构为基础，由各种管理要素组合构成。管理机制映射出社会形态内部管理系统的关联、功能、作用，决定了管理系统的效能。

个人信息管理机制是个人信息安全管理体系构成要素之一，是个人信息生态系统演化过程中，影响个人信息生命周期的各种因素相互关联、相互作用和管理方式。

个人信息管理机制，综合考虑个人信息环境、社会生态环境、关联因素等的相互作用、相互影响，构建包括管理、技术、流程的个人信息安全框架，系统、科学地基于个人信息生命周期管理个人信息。

管理机制的内涵，包括：

• 管理机制的动因。驱动管理机制运行的因素。包括利益驱动、相关法律/法规的推动、体系的制约因素、社会生态环境等；

• 管理机制的约束。管理机制运行的约束机制。包括管理体系中权利的制约、保护与流动的约束、利益因素的约束、责任的约束、行为的约束、社会环境的制约等。

• 管理机制的运行。管理机制的行为方式。包括管理要素、管理要素的关联及作用和制约、相关要素的职能、激励的能动、教育舆论等，管理机制也反映了体系的功能和运行方式。

管理机制的特征，主要包括：

a．客观性。社会形态的结构、功能确定，必然产生相应的管理机制，并依据个人信息管理的需要，投射到个人信息安全管理体系，是保证社会形态生存、发展的客观存在。

b．自组织。管理机制是体系内在机理和功能的客观体现，是个人信息安全管理体系的自组织形态。各种管理要素与构成体系的要素、构成生态系统的要素相互关联、相互影响和相互作用，形成有机整体。管理机制的形成，体系按照确定的规律、秩序，自我协调、控制，能动地引导体系适应环境、因素等的变化，保持生态系统的动态平衡。

c．系统性。个人信息安全管理体系具有多种要素（机制），与管理机制构成完整的有机系统，保证实现体系的功能和作用。

5.2.1.3 运行机制

运行机制是体系生存、发展中，影响体系运行的各种因素的相互关系、相互作用和运行方式，是保障个人信息安全管理体系目标和任务实现的有效方式。

运行机制包括安全管理机制、质量保证机制、过程改进机制等。

a．质量保证机制

质量保证机制是基于个人信息生态系统演化特征，个人信息安全管理体系实施过程的有计划、系统的质量管理活动。

质量保证机制以保证个人信息安全管理体系质量为目标，系统、科学、严密地组织各要素、各阶段的质量管理活动，识别、监控影响体系的质量因素，形成明确责任、职能、权限，相互协调的有机的质量管理整体。

质量因素包括安全因素、风险因素、管理因素、技术因素、机制设计、流程管理、过程管理等等。

质量保证机制采用PDCA过程模式：

计划阶段（P）：

1．明确个人信息安全管理体系的质量目标、实施计划、并依据要素的功能、关联等分解目标，制定质量管理方案和措施；

2．在设计、构建个人信息安全管理体系时，根据质量目标，分析各要素之间、与社会生态系统之间关联、作用和影响，理解已知的社会形态的现状，识别可能的、潜在的影响体系正常实施的质量问题；

3．分析质量问题的形成原因和影响因素；

4．识别质量问题的主要原因和因素；

5．采取质量管理措施。

实施阶段（D）：

根据分解质量目标，实施质量管理计划和质量管理措施。

检查阶段（C）：

监督、检查质量管理计划实施情况，包括过程中和过程后。

改进阶段（A）：

包括3个步骤：

1．根据检查结果采取相应的措施；

2．未能解决的问题，转入下一个PDCA循环，并设定为下一循环的质量管理计划目标；

3．根据质量管理计划，持续改进、完善。

b．过程改进机制

过程改进机制是个人信息安全管理体系在个人信息生态系统演化过程中实施的自组织行为。

1．反馈机制

反馈机制是根据个人信息安全管理体系的活动结果调整、改进、完善个人信息安全管理体系质量管理计划的控制方式，是维持生态系统平衡的一种重要方式。

反馈机制包括：

• 以个人信息主体为中心的反馈。当个人信息主体质疑个人信息管理、处理、使用时，提出意见、建议等；

• 以监督主体为中心的反馈。当社会公众、其它社会形态质疑个人信息管理、处理、使用，及个人信息安全管理体系质量等时，提出意见、建议、咨询等；

• 以过程改进为中心的反馈。跟踪、监控、内审结果的意见、建议。

• 接收到反馈信息后，采取相应的处理措施，及时回馈。

2．跟踪和监控

在个人信息安全管理体系构建、实施、运行过程中：

• 实时跟踪、监控，及时发现体系的质量隐患、安全风险、潜在的缺陷等；

• 适时修正目标偏差，修改质量管理计划；

• 提出整改意见、建议。

3．内审

内审是组织（社会形态）在其内部，系统、科学、规范地自我评价个人信息安全管理体系的管理充分性、控制有效性、管理信息真实性和体系活动的效率和效果。也称第一方审核。

内审是保证个人信息安全管理体系有效、充分、适宜，并持续改进、完善的必要机制。其内涵包括：

• 客观性。客观是保证内部审计真实、有效的目标。必须客观地反映个人信息安全管理体系的状态，才能为个人信息管理决策提供依据，保证个人信息安全管理体系的效率和效果。

• 目的性。必须明确组织的发展目标，确立个人信息安全管理体系的实施目的。内审是审计实现整体目标的方法和过程。

• 职责性。必须强调管理职能、人员责任和机制的功能，遵从质量管理计划，保证内审的质量。

• 价值性。内审设计应充分考虑组织内管理、业务流程的价值，提供充分、适宜的内审服务。

内审包括4个阶段：

• 个人信息安全管理体系设计、构建；

• 个人信息安全管理体系实施过程、完成；

• 个人信息安全管理体系阶段运行；

• 个人信息安全管理体系持续改进、完善。

4．动态管理

在个人信息保护体系构建、实施和运行中，PDCA是质量控制的有效模式。PDCA不仅仅运用于个人信息安全管理体系构建，也不仅仅运用于个人信息安全管理体系的过程改进……，而是与个人信息安全管理体系构建、实施、运行和过程改进整个流程融为一体。因而，个人信息安全管理体系的过程改进，是在个人信息安全管理体系构建、实施、运行、改进过程中，根据明确的质量目标，采用PDCA模式，运用反馈、跟踪和监控、内审等功能，预防个人信息安全管理质量问题和个人信息安全事件发生，持续改进、完善个人信息安全管理体系。

5.2.2 制度

在社会系统中，制度是约束各要素、各要素相互关系的规则和行为模式，蕴含社会的价值体系，是为规范社会系统有意识创造的、强制性的秩序，如社会秩序、政治秩序、经济秩序等，这是广义制度的理解。

在社会形态（或一个社会生态系统）内，强制性的、有意识约束要素及相互关系的活动规程和行为规则，如各种管理制度等。这是狭义制度的理解。

5.2.2.1 制度的内涵

制度一般分为3种类型：

• 正式规则：在社会系统中，根据社会管理的目的、程序，规范各种要素的相互关系，制定的政治、经济、社会规则、法规以及依据这些规则确立的社会结构，约束和激励要素的行为，包括各类社会形态内部规章制度；

• 非正式规则：社会系统历经千年实践、演化，逐渐地、无意识地积累、形成的文化传统，包括道德观念、伦理规范、风俗习惯、价值理念、意识形态等，是潜移默化的行为约束；

• 执行机制：保证两类规则和谐融洽得以执行的机制安排。

正式规则是社会复杂系统的他组织行为，建构协调、约束社会系统有序演化的秩序（也建构了协调、约束个人信息生态系统有序演化的秩序）。

非正式规则为社会系统内相互关联、相互作用、相互影响的各要素间自我协调、约束的自组织行为建构了约束机制（在个人信息生态系统内，非正式规则在秩序的协调、约束下正向演化，但非正式规则具有负效应，参看2.4.3）。

正式规则是优秀的非正式规则的继承、发展和劣质非正式规则的扬弃，推动社会系统有序、正向演化，但可能与非正式规则存在冲突，需要执行机制协调、融和、激励。这种冲突可能是二者规则的不同，也可能是非正式规则的负效应引发的。

个人信息安全管理体系需要制度支撑，同时，个人信息安全管理体系推进制度的执行。在个人信息安全管理体系设计、构建中，制度设计相对全面地体现了体系内各机制的功能。

制度的内涵，主要包括：

a．客观性。制度客观地反映了系统（社会系统、个人信息生态系统等）内在功能和演化，并直接、客观地规范、制约要素行为。制度的制定、变更是客观、合理的。

b．社会性。制度是在系统交互中形成。系统交互是社会系统各要素相互关联、作用和影响，并将结果转化为约束、激励机制（社会系统交互的结果作用和影响个人信息生态系统）。

c．能动性。制度的能动性，是对系统内在规律、功能和演化的认知。将制度作用于各相关要素，并在制度的规范、制约、激励下产生效能，体现制度的价值。

d．动态性。制度的演化过程。制度的客观性、社会性和能动性，促使制度发展、演化，弥补、改进、完善制度的缺陷，使制度更趋合理、有效、充分，更具约束价值。

e．规范性。制度的约束和实施过程，科学、合理，符合内在规律、管理科学，并建构规范的相关环境和约束条件。

5.2.2.2 制度的功能

制度是规范体系行为的他组织行为，为个人信息安全管理体系运行、体系内各要素关系、体系内各要素活动的行为确立了秩序。

制度是有效的约束机制，是行为的基础。它的功能，主要包括：

a．协调和整合。整合各种行为因素，明确关联要素的行为规范，使复杂的要素关系简单、透明，易于协调。

社会生态（个人信息生态）系统内，各种不同的、离散的行为因素，处于不同层次、不同结构、不同形态、不同方式，来源不同；具有不同的目的、存在状态；资源需求不同，因而可能产生矛盾和冲突。必须设计一种机制，整合、协调行为因素，约束各种构成要素的关系和活动，保证系统的适应性、稳定性和目标一致性。

b. 约束和限定。对人的行为空间和边界的限制、修正。

人是生态系统的关键物种，人的行为具有复杂特征。人的行为的主观随意性和偶然性，不加限制地放大，将使生态系统进入混乱、冲突和无序的失衡状态。制度限定了行为空间，约束了行为边界，建立了规范的秩序，使人及关联要素的自组织在秩序约束下有序演化，达到系统平衡。

c. 资源平衡和效能。在制度约束下，实现资源动态、有序演化，并改善、促进资源收益，产生效能。

从某种意义上说，某一社会形态是各种资源的集合体，发展的前提是资源的消耗。由于资源有质、量的变化，具有时间和空间的属性，是有价值的要素，因而是动态演化的。在社会生态（个人信息生态）系统内，资源要素与其他要素（如人）的关联、作用和影响，需要在"秩序"的约束下有序演化，达到资源结构平衡，促进资源的最大效能。

d. 安全和保障。资源价值的保护和个人权益的保障。

由于各要素间的自组织行为、环境因素的影响等，社会生态（个人信息生态）系统演化路径存在安全风险，必须保证各种资源在"秩序"约束下，安全、有效地实现其价值；保证人的权利、尊严等权益。

e. 认知和信息。自组织、自适应行为的约束空间。

在要素间自组织、自适应行为中，制度提供了认知和信息空间。

• 不确定性的认知。生态系统内存在许多不确定因素，影响体系的运行。不确定性的主观认知过程，因认知主体（要素）的认知结构不同各不相同，影响认知结构的因素，包括已具有的经验和经历、文化背景、组织文化的理解等，需要制度明确和约束行为规范。

• 信息空间。通过识别、感知、确认的认知过程，总结、实践，形成制度适用，并形成制度信息空间，可以形成稳定的行为预期和明确的认知模式，易于协调和平衡要素间的关系。

f. 激励。制度是一种激励手段，结合其他激励手段，与要素（人是关键物种）相互作用、相互制约，在"秩序"的约束下，形成良性竞争机制，激发要素的动机、动力，规范行为方式的选择，达到目标与个人权益的一致。

5.2.2.3 制度的实施

1．制度的形成方式

制度的形成方式直接影响体系建设质量：

• 模仿。简单地模仿和抄袭其他社会形态现成的制度，并未根据自身生态系统的特征、文化、体系映射等，理解制度的精髓，建立符合实际需要的秩序。制度是浮在表面的形式。

• 借鉴和学习。根据自身生态系统的特征、文化、体系需求等，学习、理解、研究和借鉴其他生态系统现成的制度，建立符合实际需要的秩序，强调制度的内涵和功能。制度是根植于生态系统文化的基础上。

2．制度形成的动因

制度形成的动机和方式不同，结果也不同。如果仅仅为了满足某种需要，则不能正确认知生态系统的不确定性，制度的信息空间是虚假的，为各要素间自组织行为提供的约束是松散的。只有切实的、为自身发展目标和实际需求，建立符合实际需要的秩序，才能够保证体系建立的质量。

3．制度的执行

制度的执行方式影响制度的执行：

• 强制执行。制度制定后，自上而下强制推行，可以迅速执行、立见成效，但只是机械的，缺乏有效的沟通机制，其效能是递减的。

• 理解和沟通。制度的推行，需要相关要素充分理解和认知制度的内涵和功能，适时沟通和交流，使之充分认可，自觉实行。

制度是个人信息生态系统演化过程中的秩序和约束，需要适应生态系统的演化，同时，生态系统的演化，促使制度的变更和修改。

5.3 体系功能

体系应具有的基本功能，包括：

a．组织性。个人信息安全管理体系是个人信息生态系统的投影，有机集合了生态系统相关要素，整合相关资源，规范要素行为，保证生态系统的动态平衡。

体系是复杂系统的投射，具有复杂系统特性。体系要素的行为；要素间的关联；要素与外部环境的关联；要素的自组织、自适应等需要有秩序、有计划、有组织的构建管理机构、管理机制，明确职能和职责，并在体系约束下展开个人信息管理活动。

b．适应性。个人信息生态系统是与社会生态系统共生的，其所投射的个人信息安全管理体系必须适应社会生态系统环境，并依社会生态系统的变化，适时调整。

个人信息生态系统与社会生态系统是共生的，相互作用、相互影响，个人信息生态系统的演化过程必须适应社会生态系统的演化。在复杂、多维的个人信息生态系统中，存在包括环境、人为、技术、管理、制约个人信息生态系统的社会生态系统等等因素，在个人信息安全管理体系投射面，需要适应这些因素的演化。

c．信息传导。个人信息安全管理体系与体系内各要素相互作用、相互影响的信息通道，实现沟通、交流，传导秩序，充分发挥体系的功能。

个人信息安全管理体系作为个人信息生态系统的投射面，与生态系统要素相互关联，他组织行为通过体系传导。这种传导一般具有几个层次：

1．最高管理者对体系的影响和决策；

2．环境因素对体系的作用和影响；

3．体系对决策管理层的影响；

4．体系对各管理部门的影响；

5．体系对业务管理的影响；

6．体系对环境的影响；

7．体系与人的协调等。

体系的他组织行为通过几个层次的传导链条，充分、完整、准确地传导，产生效能。

d．风险调控。风险识别、转移、控制、分散机制，以应对显性或潜在风险，防范安全事件，维持生态系统的平衡。

显性或潜在的各种风险，造成如3.3.1所述各种产生生态系统失衡的表现，需要一种机制，建立风险管理策略，应对、化解风险，保证生态系统的平衡。

e. 改进完善。体系的持续改进、完善，是体系发展的保证。

个人信息生态系统是与社会生态系统共生的，随着社会生态系统的发展、变革，个人信息生态系统日益复杂、深化，知识体系、管理方式、技术保障等相关因素不断改进、发展、变化，个人信息安全管理体系需要在与社会生态系统的互相作用和影响中，不断改进和完善。

5.4 过程改进

体系是按照PDCA模式持续循环，不断改进和完善的。过程改进的核心是风险和问题的处理，推动体系的持续改进和完善，是体系发展的动力。

过程改进是依据个人信息安全的目标，识别、分析个人信息安全管理体系已识别风险的变化、潜在风险、残余风险和可能存在的缺陷、问题，采取相应的改进、完善措施，保证体系的活力和持续发展。

5.4.1 PDCA模式

戴明博士（Dr.W.E.Deming）是世界著名的质量管理专家和先行者，他对世界质量管理发展作出了享誉全球的卓越贡献，戴明质量管理学说对国际质量管理理论和方法的研究产生着非常重要的影响。

戴明博士最早提出了PDCA质量管理模式。PDCA模式是能使任何一项活动有效进行的一种合乎逻辑的工作模式，在质量管理中得到了广泛的应用。

PDCA质量管理模式由4个阶段构成：

a. 计划阶段，即P阶段（Plan）。确定方针和目标及制定活动计划。这个阶段的主要内容是通过市场调查、用户访问等，确认用户对产品质量、服务内容的实际需求，确定质量政策、质量目标和质量计划等。

b. 执行阶段，即D阶段（Do）。这个阶段是P阶段确定计划内容的实施。如根据质量标准制定产品设计、试制、试验、服务标准以及计划执行前的人员培训等。

c. 检查阶段，即C阶段（Check）。这个阶段主要是在计划执行过程中或执行之后，检查执行情况是否符合P阶段的预期结果。

d. 处理阶段，即A阶段（Action）。主要是根据检查结果，采取相应的措施。肯定成功的经验，并予以标准化，或制定作业指导书，便于以后工作时遵循；总结失败的教训，避免重现；没有解决的问题，提交下一个PDCA循环解决。

典型的PDCA模式采取8个步骤：

a. 分析现状，发现问题；

b. 分析质量问题中各种影响因素；

c. 分析影响质量问题的主要原因；

d. 针对主要原因，采取解决的措施；

——为什么要制定这个措施？

——达到什么目标？

——在何处执行？

——由谁负责完成？

——什么时间完成？

——怎样执行？

e. 执行，按措施、计划的要求去做；

f. 检查，把执行结果与要求达到的目标进行对比；

g. 标准化，把成功的经验总结出来，制定相应的标准；

h. 把没有解决或新出现的问题转入下一个PDCA循环中去解决。

由于有效性和实用性，PDCA模式广泛用于各种过程改进中，其基本思想与质量管理是一致的。

5.4.2 PDCA内涵

在个人信息安全管理体系构建、实施和运行中，PDCA是质量控制的有效模式。PDCA是质量管理模式，但不是与其他相关因素割裂，无关联关系的实施。PDCA不仅仅运用于个人信息安全管理体系构建，也不仅仅运用于个人信息安全管理体系的过程改进……，而是与个人信息安全管理体系构建、实施、运行和过程改进的整个流程融为一体。

个人信息安全管理体系的过程改进，是在个人信息安全管理体系构建、实施、运行、改进过程中，采用PDCA模式，运用监控、内审等方式，持续改进、完善个人信息安全管理体系。

5.4.2.1 P阶段

P阶段，即个人信息安全管理体系规划阶段。在这一阶段，基于个人信息生态系统平衡和生态系统复杂特性，识别并理解生态系统自组织、自适应行为，确定个人信息安全目标、制定个人信息安全方针、设计体系机制、明确质量保证，以及各项安全管理措施。

PDCA循环中，各个阶段均有各自的循环。P阶段循环，即是个人信息安全管理体系构建的改进过程：

a．最高管理者的认知。最高管理者的认知，是保证个人信息安全管理体系持续、稳定运行的关键，实施并持续过程改进的决策者。在P阶段循环中，必须确定最高管理者不仅仅选择形式，而是切实支持、保证个人信息安全管理体系的实施。

在过程改进过程中，最高管理者的支持、了解和参与，将推进个人信息安全管理体系的有效改进和完善。

b．个人信息安全目标和安全方针的确定。确定目标，明确构建个人信息安全管理体系的方向和实现状态，并辅之以目标管理，即将目标分解为具体的个人信息安全管理体系相关的组织、计划和活动，明确个人信息安全方针和策略，确立简便易行的行动纲领。P阶段循环，必须保证目标的实用性、可用性，方针策略的易用性、可操作性和有效性；

c．机制设计。体系是由多个互相关联的功能机制构成的。个人信息安全管理体系中的各个机制，是对企业管理、业务活动的约束，也是对员工行为的约束，同时，也是激励管理业务活动、员工行为，保证个人信息安全的举措。P阶段循环，必须确定机制设计的合理性、适宜性和与生态实际的符合性，以保证约束、激励机制的有效性。

d．质量保证。体系设计质量决定体系的固有质量。个人信息安全管理体系设计，应包括相应的质量管理活动，包括体系质量目标、体系质量控制、体系质量保证、体系质量改进等。在P阶段循环，必须确定体系的质量保证活动充分、合理、适宜，以有效开展个人信息安全活动。

e. 资源配置。信息资源与个人信息安全密切相关，也是保障个人信息安全管理体系构建、实施的基础。必须合理分配资源，识别资源风险。在P阶段循环中，必须确定相关资源范围、资源风险识别的充分适宜、资源配置利用的合理性。

5.4.2.2 D阶段

D阶段，即个人信息安全管理体系实施、运行阶段，是个人信息管理的过程保证。在这一阶段，必须保证体系各项机制运行，满足质量目标。

a. 风险管理的有效性是保证个人信息安全的关键。识别、分析、评估与个人信息安全相关的资源风险、管理风险、业务风险、环境风险、行为风险等，采取适宜的应对措施，降低、规避、弱化风险，保证风险在可控、可接受的范围内。在D阶段循环中，必须确定风险评估、风险应对措施的充分性、适宜性和有效性。

b. 管理机制的有效性是保证体系约束机制的关键。管理机制包括机制的构成、功能、作用、约束、行为等，体现体系的他组织行为。在机制设计、建设中，采取适宜的质量保证措施，在D阶段循环，必须确定管理机制所有功能的适宜性、可用性、有效性和易用性。

c. 保护机制的有效性是保证个人信息安全和个人信息主体权益的关键。个人信息生态系统内的关联因素、个人信息生态系统与社会生态系统的相互作用和影响、个人信息生态系统的环境制约因素等，在个人信息收集、处理、使用等关键环节，必须采取相应的管理和保护措施。在D阶段循环，必须确定保护机制各项功能的有效性、可用性、安全性和可靠性。

d. 安全机制的有效性是保证个人信息安全管理体系安全、可靠运行的关键。基于风险评估的结果，依据ISO/IEC27001、ISO/IEC27002和等同采用该标准的GB/T28080、GB/T28081及个人信息的特征、生态系统现状和需求，对环境安全、物理安全、行为安全、技术安全等采取相应的管理措施。在D阶段循环，必须确定安全机制的合理性、有效性、可用性和安全性。

e. 效果评估，必须评估D阶段循环的实施效果，以保证体系的有效性和充分性。

1．最高管理者和各级管理者代表的意识、行为评估；

2．风险管理效能评估；

3．管理机制能效评估；

4．保护机制效能评估；

5．体系相关行为评估；

6．安全机制效能评估；

7．……。

5.4.2.3 C阶段

C阶段，是自P阶段开始，检查、监控个人信息安全管理体系构建、实施、运行过程，参与各阶段自循环。

a．跟踪、监控风险变化。

1．已识别风险的变化。已识别风险可能因条件、环境、影响、资源等的变化发生变化，必须采取相应的控制措施；

2．潜在风险的发生。潜在的风险可能在一定的条件、环境或激励下发生，必须预定并采取相应的应对和控制措施；

3．管理、业务、资源、环境变化可能引发新的风险，必须及时识别、分析、评估并采取相应的应对和控制措施。

b．内部审计机制的有效性监控。在C阶段，必须确定内部审计的合理性、有效性、充分性。内部审计是过程改进机制的重要环节，对保证个人信息安全管理体系稳定、安全、可靠至为重要。

c．确定个人信息安全管理体系设计、构建与体系实施、运行的符合性、一致性。检验体系设计、构建，是否符合组织的实际需用，是否与组织的管理、业务发展一致，是否与员工、客户（个人信息主体）的期望一致。

d．过程监控。必须监控构建、实施个人信息安全管理体系的整个过程。

1．体系构建，实施相应的管理，技术充分、有效，行为规范，过程合理；

2. 各阶段循环过程规范、科学、有效。

5.4.2.4 A阶段

A阶段，是个人信息安全管理体系改进、完善阶段。在P、D、C阶段的自循环中，实时、及时改进所发现的缺陷、漏洞、问题，持续完善个人信息安全管理体系。

a. 过程改进是保证个人信息安全管理体系持续改进和完善的有效机制。过程是个人信息安全管理体系可以达到的能力。过程的主要元素包括人、资源、工具、方法等及相关因素。过程改进就是根据个人信息安全目标，在持续的PDCA循环中改进过程的主要元素。

b. 意见和反馈是改进、完善个人信息安全管理体系的助推剂。在个人信息安全管理体系构建、实施、运行中，必须认真接受包括社会、个人信息主体和组织内部的意见和建议，并将有益的部分应用到体系建设中，同时，反馈意见、建议的应用、效果等。

c. 沟通、交流是改进、完善个人信息安全管理体系的润滑剂。在个人信息保护体系构建、实施和运行中，必须在生态系统内部、内部与外部之间，对体系建设、机制功能、保护措施、安全措施、改进措施等及时沟通、交流。

d. 持续改进是保持个人信息安全管理体系生命力的动力。PDCA是循环往复的，各个阶段内的自循环也是如此，由此推动体系的发展。体系的建设，不是一成不变的，是随着管理、业务、环境、外部因素等变化，适时改进、发展的，因而，持续改进是个人信息安全管理体系永恒的主题。

第六章
个人信息安全认证体系

个人信息安全认证是系统、客观、全面地监督、判断、评估个人信息安全管理体系建立、实施、运行、内审、改进和完善的有效性、充分性，保持个人信息生态系统的动态平衡。

6.1 认证

6.1.1 认证的概念

认证（certification）的英文原意是出具证明文件的一种行为。ISO/IEC 指南2《关于标准化和相关活动的一般术语及其定义》中，将认证定义为"由可以充分信任的第三方证实某一经鉴定的产品或服务符合特定标准或规范性文件的活动"。

定义涵盖了认证具有的特点：

a．认证是由独立、公正的第三方认证机构进行的客观的评价；

b．认证是依据特定的标准或规范；

c．认证审核过程是对与标准或规范的符合性、一致性及目的的有效性进行评估。

第三方认证机构，必须具有相当的权威性，独立于认证第一方和第二方之外，本着客观、公平、公正的原则，维护认证双方的责任和义务，认证证明获得认证第一方和第二方的充分信任。

认证第一方是产品或服务的提供商。产品或服务形态的多样化，结构、功能、性能等的复杂化，仅仅依靠自身的知识、经验、技术难以判断产品或服务的质量，也是不可信的。

认证第二方是产品或服务的接受者，即用户。由于产品或服务形态的多样化，结构、功能、性能等的复杂化，用户仅仅依靠自身的知识、经验、技术难以判断产品或服务的质量。

认证是建立一种信用机制，使用户确认产品或服务提供商具有质量保证能力。质量包括安全、性能、效能、可靠性、可用性等等，以及用户可感知的存在形态等。在社会生态系统内，某种社会形态的质量保证能力，通过各种要素的作用和影响体现，这些要素包括人员、技术、能力（人员能力和组织的能力）、结构（管理的、业务的）、监督机制、制度及与业务相关的文件（内部约束秩序）等，均需要秩序的约束和认证的评价。

依据"秩序"（标准等）通过认证获得管理体系的认证证明，体现认证机构的权威性、信誉。秩序（标准等）是认证的依据，不是技术或应用标准，是保证社会生态系统动态平衡的规范。认证证明也不证明产品或服务符合某种技术或应用标准，而是提供商具有按照这种标准要求提供产品或服务的质量保证能力。

认证具有普适性，对社会生态系统的影响是显著的：

a．对第一方的影响：加强社会形态内生态系统的秩序建设，提高质量保证能力，增强竞争能力。

b．对第二方的影响：明确某种社会形态的质量保证能力，确保获得优质的产品或服务。

c．对行业的影响：引导行业内社会形态加强质量保证能力，提高产品或服务质量；维护用户的权益，促进市场的有序竞争。

6.1.2　个人信息安全认证

个人信息安全认证是为保护个人信息安全采取的一种行业自律模式。美国有网络隐私认证计划（Online Privacy Seal Program）、BBBonline privacy seal program 4等，日本称为P-MARK。

个人信息安全认证，同样是由独立于认证第一方和第二方之外，具有相当权威性的第三方认证机构，本着客观、公平、公正的原则，监督、判断、评估个人信息安全管理体系的状况，认证证明获得认证第一方和第二方的充分信任。

认证第一方是社会形态（组织）。个人信息安全管理体系是个人信息生态系统的映射，组织需要通过内审和外审，保证个人信息安全管理体系的有效、安全、可靠，提高组织的信用保证，增强组织的信誉和竞争力。

认证第二方是个人信息主体。个人信息的基本形态由物质性人格要素和精神性人格要素构成，映射出个人信息主体的人格权益。个人信息生态系统的复杂性、个人信息生态环境的复杂和多样、个人信息形态的多样性等，对人格权益的作用和影响，个人信息管理的合理、有效、充分，需要权威、有信誉的认证机构提供保证。

个人信息安全认证是对个人信息生态环境的判断和评估，对个人信息生态系统与相关法规、行业标准的一致性、符合性和目的有效性的评价活动。认证的特征包括：

a. 个人信息安全认证是以个人信息安全管理体系为评价对象的第三方监督执行机制。个人信息生态系统的组织、自组织、自适应等行为，通过秩序约束，确立系统正向演化机制、路径，维持个人信息生态系统的平衡，是保证个人信息安全、个人信息生态系统平衡的行业自律模式。秩序是行业内认可和遵守的行为准则，转化为各社会形态的行为时，形成第一方监督执行机制。为监督、判断、评估个人信息生态系统环境、影响因素、约束机制等，提高组织的信用保证，增强组织的信誉和竞争力，需要独立的第三方监督执行机制权威、有信誉的保证。

b. 根据个人信息生态系统的特征、要素、环境等，识别、分析个人信息安全的威胁、缺陷、不足和漏洞，评估个人信息管理、管理模式、管理机制及个人信息安全管理体系的合理性、有效性、充分性。

c. 个人信息生态系统的安全目标，是个人信息安全认证的基础，认证的标准、内容、方法以及组织形式等，都与个人信息生态系统的安全目标密切相关。目标决定了个人信息安全的基本要求和行为规范，并将之落实为具体、完善、可操作的个人信息生态系统投射形态——个人信息安全管理体系。

d. 实现科学的个人信息安全认证，是综合运用技术手段和管理方法评价个人信息生态环境。个人信息安全认证是系统、客观、全面地监督、判断、评估个人信息生态环境、个人信息安全管理体系建立、发展、演化及其影响因素、约束机制的过程，这个过程是与个人信息生态环境相关的各种信息输入、转换、输出过程。采用技术手段和管理方法，收集、整理、分析、评判和加工个人信息生态环境相关各种信息，是个人信息安全认证的基本策略。

e. 个人信息安全认证的价值取向。个人信息的价值取向是个人信息的显著特征，对人、社会存在积极的意义和作用。个人信息管理的价值体现，既是个人认识和素养的提高，也表现为经济价值、文化价值和社会价值。个人信息安全的目的，也体现了个人信息价值属性的能动性。个人信息安全认证就是对个人信息的价值属性的再认识。

f. 个人信息管理效果和影响的判断和评估。个人信息管理的效果是个人信息安全目的达成的程度，是个人信息生态系统正向演化路径的合理性、秩序的有效性；个人信息管理的影响是在达成个人信息安全目的、实现个人信息生态系统平衡过程中，与个人、社会形态、社会生态，及社会系统（经济、文化、政治等）的相互作用和约束以及所形成的结果。个人信息安全认证是全面评估个人信息管理的结果和影响，以便更好地发挥认证的积极作用。

个人信息安全认证也是对个人信息生态系统安全风险的评价。以实现个人信息安全、个人信息生态系统平衡为目的，参照信息安全理论和方法（信息安全管理体系），根据个人信息管理的特点、个人信息生态系统的环境、影响因素、约束机制、关联条件等，识别评估、判断个人信息安全事故和危害、个人信息生态系统失衡的可能性、等级、影响等，提出相应的个人信息生态系统安全策略和建议，为建立个人信息生态系统安全管理机制，持续改进和完善个人信息安全管理体系、维持个人信息生态系统平衡提供科学依据。

6.2　认证体系

个人信息安全认证体系，是为实现个人信息生态系统平衡的安全目标，识别、理解、管理、评估系统各要素、要素之间、要素与环境等相互作用、相互影响的过程所构成的体系。

个人信息安全认证体系包括第三方认证体系和个人信息安全管理体系（第五章）。

6.2.1　认证体系特征和设计原则

根据系统理论，个人信息安全认证体系是由多个功能要素构成的系统，具有一个系统应具有的特征：

a. 多元性。个人信息形态和分布具有多样性，个人信息安全管理体系体现了个人信息生态系统的复杂特征，因此，个人信息安全认证体系的要素构成必须具有多元性。

b．整体性。个人信息安全认证体系是由各个功能要素构成的整体，反映了体系内部各功能要素间相互联系、相互作用和相互制约的关系。

c．相关性。个人信息安全认证体系中要素个体的构成，覆盖同一个认证对象的个人信息生态环境，具有相同的属性。构成要素个体的各个因子之间是相关的，根据一定的规律相互联系。

个人信息安全认证体系设计，必须保证客观地识别、理解、管理、评估，具有权威性和信用性，应遵循一定的原则：

a．整体性原则。由于个人信息安全认证体系具有的特征，应全面判断、评估个人信息生态环境。整体性原则强调体系内各个功能要素之间、体系与外部关系之间的协调，充分发挥体系的整体功能。

b．合理性原则。认证指标体系设计不能互相雷同、重复，或互相矛盾，避免影响认证的科学性和准确性；关键指标不能缺项，割裂指标体系内因子之间的关联，影响认证体系的质量，不能形成完整的认证体系。

c．科学性原则。个人信息安全认证体系设计中，认证人员必须具备严谨的科学态度；认证手段和认证方法科学、有效；认证指标体系准确、符合个人信息安全相关标准、规范。

d．改进原则。个人信息安全认证体系设计不是一成不变的，必须收集、接受、研究、吸收不断变化、发展的新的信息，改进和完善个人信息安全认证体系，更加适应个人信息生态平衡的需求。

e．易用性原则。个人信息安全认证体系符合可用性原则，简单、易于操作，认证指标适合认证对象。

在个人信息安全认证体系设计中，认证内容是影响认证质量的要素之一，认证内容设计应遵循一定的原则：

a．全面性原则。个人信息安全管理体系是个人信息生态系统的映射，其内涵和外延比较宽泛。在个人信息安全认证的内容设计中，应尽可能涵盖与个人信息生态相关的领域，并具有一定的深度和广度。

b．准确性原则。个人信息安全认证内容能够真实、客观、正确地反映个人信息安全认证对象的个人信息生态现状，符合个人信息安全相关法律、法规、标准、规范。

c．权威性原则。个人信息安全认证的内容可靠性、可信度高，认证结果稳定、可靠，在个人信息安全领域具有相对的权威性，便于推广使用。

6.2.2　认证关系研究

在个人信息安全认证中，认证体系构成要素个体、要素与要素之间、要素与生态环境之间是相互关联、相互影响的，因而存在一定的矛盾性。

a．整体认证与认证指标的关系。在个人信息安全认证体系中，认证指标是构成认证体系的基本元素。依据各个认证指标的评估、判断，不是孤立的，是相互关联和相互影响的，形成个人信息安全的整体认证。在个人信息安全认证中，不应割裂认证指标与认证体系的关系，应关注认证指标在认证体系中的关联作用、意义，综合、全面评估个人信息生态系统环境。

b．认证指标间的关系。个人信息安全认证指标是从不同的角度评估、分析、判断个人信息生态系统环境的准则，不同的指标，认证意义各不相同，构成相互有机关联和作用的整体。但不同指标中可能具有类同的因子，从不同角度诠释同样的内容，容易造成认证混乱，不能提高认证质量，增加了认证的复杂性和认证成本。

c．认证指标中因子间的关系。因子应是构成个人信息安全认证指标的基本单元，在特定的情境中运用是相对合理的。但在整体认证中，各个因子可能出现矛盾。譬如，一个社会形态的整体信息安全与个人信息生态环境的安全，在评估中如何考虑投资成本控制。类似的矛盾，往往使认证人员难以取舍。

d．业务流程与认证指标的关系。个人信息安全认证是系统、客观、全面地监督、判断、评估个人信息生态环境及所涉及个人信息管理的安全性、有效性。个人信息安全认证指标既要客观、全面、系统地分析、判断、评估个人信息生态环境，但不能过度，应在保证个人信息安全的前提下，保证涉及个人信息的业务流程的自由流动。

e. 管理与执行的关系。通过个人信息管理推进个人信息生态系统的正向有序演化。个人信息安全认证既是对个人信息管理的判断、评估，也是对个人信息生态系统构建、实施过程和结果的全面评价。个人信息安全认证应综合判断、评估个人信息生态系统内各层次、各要素及相互关联、相互作用和影响。

f. 认证指标与认证结果的关系。依据个人信息安全认证指标可以获得相应的认证结果，但仅仅用"通过"或"不通过"表达，并不能真实、全面地反映个人信息生态环境现状。应在认证指标和认证结果之间建立可供选择的对应区间，整体、综合、全面评估。

协调个人信息安全认证体系中各种相互关联、相互作用的要素、因素，保证认证工作的客观性、准确性、公正性，使认证趋近于完全合理。

6.2.3 认证质量研究

个人信息安全认证是基于个人信息生态系统平衡的安全目的，采用合理、有效的技术手段和管理方法，客观、系统、全面地监督、判断、评估个人信息生态系统构建、发展、演化过程及其影响因素的过程。对这一过程实施全面质量管理，是保证个人信息安全认证体系质量的必然。

个人信息安全认证基于软评价方式，利用知识、专业和经验，依据规范个人信息生态系统正向有序演化的秩序，判断和评估某一社会形态构建的个人信息生态系统（映射为个人信息安全管理体系）的发展、演化路径。这种认证方式以主观因素为主导，认证结果往往是模糊的，需要认证人员了解该社会形态的基本情况，分析、判断个人信息生态环境相关的各种复杂因素和关系，正确评价个人信息生态系统的安全性。认证过程与认证人员的业务素养、个人修养、专业水平等有直接关系。

因而，实施全面质量管理，保证认证体系质量，是个人信息安全认证质量的保证，也是个人信息安全认证的基本要求。

在全面质量管理中，个人信息安全认证体系与其他质量管理方法（体系）遵循的原则是相通的。质量管理的核心是构建认证工作流程，采用量化的方法分析流程中影响认证质量的主要因素，从而找到其中的关键因素，持续改进，获得更高的用户满意度。

质量管理遵循的原则主要包括：

a．以用户为中心。个人信息安全认证体系应当充分理解用户的需求，关注用户的业务流程，将认证指标、认证内容与用户需求融合，使认证体系易理解、易操作，能够客观、科学、有效地评估用户的个人信息生态环境。

b．过程管理。个人信息安全认证体系采用PDCA过程管理模式，不断修正、改进认证流程，使认证体系日臻完善。

c．基于事实的管理。在个人信息安全认证中，应当保证获得数据和信息的可靠性，基于事实分析，权衡事实、经验、直觉，作出客观科学、的判断、评估。

d．持续改进。通过过程管理，依据认证目标、认证结果、认证资料分析等，持续改进认证体系，提高认证体系的有效性。

在全面质量管理中，为了向用户提供能够满足质量要求的认证体系，应建立相应的质量保证机制。

a．建立内部质量保证体系，包括职能、责任、资源、机制、文档等的质量保证要求。

b．建立内部质量管理评价机制，对可能影响认证质量的认证体系要素，有计划、有组织地展开评价活动。

6.3 指标体系研究

6.3.1 指标

指标是衡量目标是否实现的具体标准，是目标分解后的实施结果。

目标是希望达到的目的，是在一定时间内完成特定的任务或工作。目标往往是伴随着计划和行动并形成一种状态。

目标不是一个人的努力，需要社会形态（组织）内全体成员分工、合作、协调共同努力实现。由于社会形态内结构、功能、任务等不同，各要素（人是关键要素）处于不同层次，要素个体及要素之间的关系、作用和影响不同，因而，目标的实现存在差异。

目标管理是以人为核心，以目标实现的任务为基础的系统管理方式。目标是全体成员共同制定的，通过目标管理，使要素个体、要素之间的关联、分工、合作、协调具体化，实现目标。

使要素个体、要素之间的关联、分工、合作、协调具体化，需要将目标分解。目标分解是实现整体目标的手段，研究、分析、明确构成整体目标的结构、功能和相互关系，运用系统科学方法，将整体目标分解为各个子目标，当各个子目标实现后，整合实现整体目标的功能。

目标分解的原则包括：

a．按空间分解。按照职能、权力、职责分解目标：

1．纵向：按照社会形态的构成，将目标分解到各个管理层次，直至个人，落实职能、权力和职责。

2．横向：根据社会形态构成要素功能或任务的类同，将目标分解到相应要素，明确相关要素的职责。

b．按时间分解。明确实现目标的时限，按照目标的时限要求，将整体目标分解为不同阶段、不同时间的子目标，可以考量目标的实施进度，也便于检查和控制。

经过整体目标的科学分解，使之成为一个空间关系、时间关系、权责关系都非常明确的协调的有机整体。

指标是目标分解后量化的考核内容及完成整体目标的衡量标准。

所有目标分解后的子目标是相互关联、相互制约的，反映了社会形态内部各种结构、各个层次、各个要素和各种活动或行为及发展、演化的过程，需要设计、运用一系列反映社会形态内部生态环境的指标，构成相互关联、相互影响的指标体系。

6.3.2 个人信息安全认证指标

个人信息安全认证指标是主导个人信息安全认证体系的基本要素，认证指标的确定、指标项的选择、认证标准等因素的质量，决定了认证体系的质量，保证个人信息安全认证过程达到预期的目的。

个人信息安全认证指标是基于目标分解在宽度和深度上的延伸。包括：

a．内部评价指标：根据组织的发展总目标，制定保证个人信息生态平衡的安全总目标，依据目标分解原则，分解为不同层次、不同要素的子目标：

1．子目标与总目标保持一致，上下融和贯通，保证总目标的实现。

2．目标分解，应注意子目标的约束条件，包括资源、人力、技术、管理等。

3．各个子目标注意任务（内容）、时限、权责等的沟通、协调和平衡，保证总目标的完成。

4．设定、明确子目标的考量要求和时限。

根据总目标的需要，建立内部评价指标体系，包括目标分解指标、过程管理指标、子目标量化指标和总目标完成指标等。

b．认证指标：认证机构确立的个人信息安全认证指标，是基于以下事实：

1．个人信息生态系统研究、个人信息生态环境；

2．个人信息安全标准、法规；

3．个人信息生态安全总目标和目标分解原则；

4．内部评价指标和评价结果。

确立认证指标体系，包括以下几大要素：

1．社会形态的组织特征；

2．社会形态的生态环境；

3．社会形态内部个人信息生态系统的形成、个人信息生态环境；

4．基于个人信息生态系统的管理行为或活动及个人信息生态系统的演化；

5．社会生态环境与个人信息生态系统的关联、作用和影响等。

认证指标定义了可操作的认证规则，阐述和限定了个人信息安全认证的内涵、边界。认证指标由多个认证因子组成，这些因子包含可操作、可控制的认证内容，构成认证体系的基本单元。

由于个人信息安全认证多采用软评价方法，因而，认证指标的确定、认证因子的选择、认证标准等因素的质量，决定了个人信息安全认证体系的质量。

6.4 认证方法研究

在个人信息安全认证中，评价个人信息生态系统的形成、演化和发展，涉及与个人信息生态系统相互关联、相互作用、相互影响的社会生态、社会形态内部生态环境以及个人信息生态系统内的要素演化等多种复杂要素、行为等。在认证过程中，也存在许多模糊的或不能确定的因子、行为等。因而，如何选择认证方法是至关重要的。

系统评价方法，是在个人信息安全认证过程中宜于采用的、全面评价个人信息生态系统形成、演化、发展的方法。

a．评价要素

评价要素主要包括：

1．评价目标：个人信息安全认证的主体目标，是认证过程中系统评价的指导。

2．评价主体：个人信息安全认证机构。

3．评价对象：申请个人信息安全认证的社会形态。

4．评价因素：个人信息安全认证指标体系、指标因子。

5．评价方法：个人信息安全认证规则、认证秩序、效用表述技术等。

6．权　　重：个人信息安全认证指标的影响和重要性。

7．评价过程：个人信息安全认证的过程管理。

8．评价结果：通过系统评价获得的个人信息安全认证结果。

9．评价效益：评价主体的个人修养和素质（立场、角度、观点及知识、技术、经验等）、认证内容和边界、权威性等及对评价结果的影响和认可。

b．评价方法

常用的评价方法，包括：

1．层次分析法

层次分析法是将个人信息安全认证的总目标分解成不同层次的子目标，定性或定量分析、评价子目标状况的决策方法。

层次分析法，是在个人信息安全认证的决策中，基于不同层次的子目标，深入分析、评价个人信息生态环境的本质、互相作用和影响因素、约束机制及关联关系等，通过定性指标模糊量化方法，形成认证决策。个人信息安全认证是复杂的，难以完全定量分析，采用层次分析法较为适宜。

2．模糊综合评价方法

模糊综合评价方法，是在个人信息安全认证中，以模糊数学为基础。应用模糊关系合成的原理，总体评价受生态环境制约的、边界不清、不易定量的因素，具有结果清晰，系统性强的特点，能较好地解决模糊的、难以量化的问题，适合个人信息安全认证中非确定性问题的解决。

采用模糊综合评价方法，需要依据专家的知识和经验确定权重，存在多义性。因此，综合采用层次分析法确定各项指标的权重，保证认证趋于合理，更易于根据客观实际定量表示，提高模糊综合评价结果的准确性。

然而，在实际应用中，常用的评价方法多过于复杂。在个人信息安全认证中，系统评价方法中所涉及3大评价要素：评价因素、权重和评价方法，构成相互关联的有机整体。

权重是各项认证指标相互关联的关键因素，权重设置方法、权重分配的合理性直接影响认证体系的质量。在个人信息安全认证中，权重可以简单地采用层次分析法，依据个人信息安全认证各项指标在个人信息生态环境中的相对重要性互相比较，确定每项指标的权重。

效用表述技术，包括：

1．评价等级。在系统评价过程中，可以采用综合模糊评价法，先进行单个指标评价，然后综合所有指标评价，防止任何可能的信息遗漏。根据评价结果，划分优劣等级，避免简单地用"是"或"否"的确定性评价可能产生的客观真实的偏离问题。

2. 认证指标测量值。依据优劣等级确定相应的认证指标的可测量分值。

认证指标的等级、测量值，是一种软评价方法，可能因认证人员的视角不同，对同一指标的判断出现偏差。这种偏差出现的因素是多样的和复杂的。因此，在评价过程中还应通过过程模式，采用适当的评价手段，注意修正可能的偏差。

3. 综合测量值。每一项认证指标测量值加权后求和得到综合评价结果。

$$E=\sum W_i \times V_n$$

W_i是为每个认证指标定义的权重；

V_n表示n个认证指标的实际测量值。

个人信息安全认证规则则确定了系统评价方法中所涉及3大评价要素之间的对应关系。

6.5 认证过程研究

6.5.1 调查方法

个人信息安全认证中，现场调查是获取个人信息生态系统原始数据的一种手段。在现场调查前，应根据保证个人信息生态系统平衡的秩序（相关法规、标准等）和个人信息生态环境事先设计调查大纲，并根据现场情况随机提出问题。

现场调查可以采用许多方法，主要包括：

a．面谈

面谈是一种调查方法，通过直接访问被调查者，面对面的提问、谈话获取、确认或澄清个人信息安全认证事件。

面谈可以分为集体面谈、个人面谈和情境式面谈。

1. 集体面谈：是以小组座谈的形式，获得个人信息生态环境的第一手信息。与个人信息安全管理体系各个层次相关管理人员集体座谈，了解个人信息生态环境、个人信息生态系统形成、发展和演化路径，了解个人信息生态系统中比较重大的、典型的、具有比较普遍的指导意义的事件。通过分析、整理和判断，切实了解个人信息生态系统的一般情况。

2. 个人面谈：选取典型的、与个人信息生态系统密切相关的人员、管理者代表，了解处于个人信息生态环境中，个人的素质、理解、作用、约束、影响等。通过分析、整理和判断，切实了解个人信息生态系统中，"关键物种"的地位、作用和能动性。

3. 情境式面谈：根据个人信息安全认证目标、内容、调查大纲及社会形态的生态环境和前期审查，设计面谈样本和面谈问卷、内容，并依问卷询问面谈样本，根据事前的标准答案，客观评分。

面谈应注意：

1. 事先了解社会形态的生态环境。

2. 与样本人员融洽地、不拘形式地随意交谈，引导样本人员真实、客观地说明个人信息生态环境相关问题。

3. 运用科学方法和易被接受的人际关系技能，综合运用多种面谈形式，综合分析多种面谈结果，独立观察、权衡事实，以便切实、透彻了解个人信息生态系统。

4. 面谈中应避免先入为主或带有偏见，影响分析和判断结果。还应避免样本人员出于自身利益考虑不合作或忽视事实的情况。面谈人员应和样本人员建立相互信任的关系。

面谈方法应该与其他调查方法结合使用。

b. 抽查

抽查，是在个人信息安全认证中，基于社会形态的生态环境，按照一定的方法，有选择地抽选一定数量的、具有代表性的样本来分析、判断、评价，并根据抽取样本的审查结果，推断个人信息生态环境安全性的一种方法。

在个人信息安全认证中，可采用多种类型抽查：

1. 任意抽查：不考虑抽样规模、技术和内容等，随意抽取样本。审查结果缺乏科学性和可靠性。

2．判断抽查：根据一定的认证规则，基于认证人员经验、知识、技术等的主观判断，有重点、有选择地从社会形态的生态环境中选择样本。

3．属性抽查：根据个人信息生态系统特征，随机抽取样本，分析、判断个人信息安全管理体系的符合性、一致性、充分性和目的有效性。

抽查过程，一般应该考虑几种情况：

1．抽查样本。调研、了解社会形态的生态环境、个人信息生态环境，基于样本的属性、特征、质量、数量、组织方式等设计样本，采用适宜的抽查类型，选择已设计确定的样本。抽查样本的选择，直接影响个人信息安全认证的质量。

抽查样本设计，一般考虑：

（1）在个人信息环境中，生产和经济活动是重要因素，其中包括多种管理、业务形态。这些形态存在着潜在的威胁个人信息生态系统安全的风险。应选择典型的、具有示范意义的重点管理、业务形态作为抽查样本，这些重点的管理、业务形态，基本可以反映社会形态内个人信息生态环境的特征。

（2）易于忽视或较为薄弱的环节。在现场调查中，应注意观察个人信息生态环境中易于忽视的或存在缺陷的薄弱环节。在个人信息生态环境中，这些环节往往是可能被利用的漏洞，应是个人信息安全认证关注的重点。

（3）易于发生个人信息生态系统安全风险的环节。在生产和经济活动中，具有高风险的个人信息相关处理、使用环节，也应是个人信息安全认证关注的重点。

（4）疑似或异常现象。在个人信息安全认证过程中出现的疑问或异常现象，应作为重点抽查样本检查，以便排除或确认。

2．抽查范围。根据调查大纲和现场实际，确定抽查的范围：

·时间范围：根据个人信息生态系统形成、发展和演化，确定抽查的边界。

·样本设计范围：根据抽查样本设计的一般原则，确定样本设计的边界。

• 样本检查范围：根据样本设计的边界，确定样本检查的边界等。

抽查范围应根据个人信息生态环境的现状实时调整。

3．抽查数量。基于个人信息生态系统，确定个人信息安全认证的抽查样本、抽查范围后，还应确定抽查数量。抽查数量应保证抽查样本可以反映个人信息生态环境的总体特征和相对准确，提高认证效率。

确定抽查数量，一般考虑：

（1）社会形态的生态环境。社会形态的生态环境较复杂、环境规模较大，则抽查样本可以相对选取多一些，反之，则可以少一些。

（2）个人信息生态系统。个人信息生态系统较稳定，呈正向有序演化，抽查样本则可以选取少一些，反之，则需要多选取一些抽查样本。

（3）系统层次。在确定的抽查范围内，采用适宜的认证方法，划分个人信息生态系统层次，分层次选择样本。对重点层次，应适当多选取一些抽查样本。

（4）缺陷情况。在个人信息安全认证过程中，如果发现个人信息生态系统平衡缺陷和安全风险较多，则应适当扩大抽查的样本数量。

4．抽查结论。抽查结论是认证人员根据抽查样本的判断结果。判断是认证人员抽查的主要特点。因此，抽查过程和抽查结论都应避免主观臆断和感情色彩。

一般抽查结论应考虑：

（1）抽查过程中不能确定的问题，不能轻易作出抽查结论。

（2）抽查过程中发现的缺陷、漏洞，应掌握充分的证据。

（3）抽查结论不能绝对化，应根据调查大纲，作出不同程度的抽查结论。

6.5.2 调查质量

个人信息安全认证现场调查过程，是综合采用多种调查方法，对社会形态内个人信息生态系统的形成、发展、演化，个人信息安全管理体系的真实性、符合性、一致性、充分性作出客观、公正地判断、评价。

在现场调查过程中实施质量控制，避免和减少调查的偏差，使调查结论能够反映社会形态内个人信息生态安全环境的真实状况，是决定个人信息安全认证的有效性和可靠性的重要手段。

在现场调查中，可能的误差类型，主要包括：

a．总体设计误差：在调查总体方案设计中，应综合考虑个人信息生态系统的构成、个人信息生态系统与社会形态的生态环境的关联，明确界定分析、评价的基本要素、功能、机制、约束等。如果对社会形态的信息掌握不全面或主观意识偏离，则可能产生偏差。

b．系统偏差：在现场调查的整个过程中，存在多种因素影响调查质量：认证人员的素质、知识、技术、经验等；调查技巧、调查环境等；调查对象的心理状态等；调查方案的设计等。

c．调查技术误差：法规、标准的可操作性；调查方法的选择；文字表述的清晰度等均可能产生偏差。

d．样本抽查误差：存在多种情况：

1．样本设计范围误差：偏离调查大纲设定的总体目标、偏离样本设计的基本原则。

2．样本抽查方法不适当：应基于样本设计的基本原则，在确定的抽查范围内，选择适合的抽样方法，如随机抽查、分层次抽查等。方法不适当，易于出现偏差。

3．样本数量不适当：没有考虑个人信息生态环境的总体状况和确定抽查数量的一般情况，抽查数量不能反映个人信息生态系统的总体特征等。

在实际调查中，注意偏差控制，尽可能避免或减少偏差，需要实施现场调查质量控制。现场调查质量控制措施，主要包括：

a．调查目的和要求。依据个人信息安全相关法规、标准和个人信息安全认证的总目标，确定现场调查的目的和要求，明确调查的内容。

b．综合考虑个人信息生态系统的构成、个人信息生态系统与社会形态的生态环境的关联，确定现场调查的任务、内容和问题，设计现场调查的方案。

c．选择恰当的或组合的调查方法，依据现场调查方案，制定所选择调查方法的调查大纲和内容。

d．认证人员个人素养养成，包括知识、技术、经验、调查技巧、表达能力、沟通和交流能力、行为偏差控制等。

e．保证相关调查表格设计的质量控制。包括：

1．符合社会形态、个人信息生态环境的实际。

2．调查问题简单明了，易于理解。

3．调查问题尽可能选择固定答案。

4．说明性答案尽可能简洁，能够反映问题的本质。

f．调查分析。在个人信息安全认证现场调查过程中，根据现场调查的目的、要求和任务，采用科学的方法，定性、定量分析个人信息生态系统各个方面调查所得信息，说明个人信息生态系统的演化状况，发现缺陷、隐患、漏洞和不足，预测可能的影响，提出建设性建议。

g．问题处理。在现场调查中，可能出现各种与调查大纲相悖的问题，这些问题的处理，直接影响个人信息安全认证的质量，参与认证人员应适时座谈，及时分析、研究、讨论不明确的、无法确认的或含糊不清的以及其他问题，以便发现潜在问题和严重问题。

问题的处理，在于找到出现问题的原因和根源。引发问题的原因很多，社会形态的生态环境；个人信息安全管理体系运行过程中的管理行为、员工行为、业务形态等等。通过认证人员座谈，科学分析问题发生的根本性原因，提出解决问题的建议，避免可能的同样问题的重复发生。

h．沟通与交流。在个人信息安全认证现场调查过程中，认证人员应与社会形态内各层次人员，包括各级管理者代表、员工、其他相关人员充分沟通和交流，以达到客观、真实、有效的认知目的，保证认证的质量。

第七章
个人信息安全标准

　　随着经济全球化趋势不断加快，包括技术法规、技术标准、认证评定程序等基本内容的贸易技术壁垒，正在影响我们的社会和经济活动，产生举足轻重的作用。

　　个人信息安全标准是顺应全球经济一体化的发展趋势，为经济、社会活动提供标准化支撑和保障的基本规则。

7.1 标准

在我国国家标准GB/T 3935.1中，将标准定义为：标准是对重复性事物和概念所做的统一规定。它以科学、技术和实践经验的综合成果为基础，经有关方面协商一致，由主管机构批准，以特定形式发布，作为共同遵守的准则和依据。在《GB/T 20000.1-2002 标准化工作指南第一部分 标准化和相关活动的通用词汇》中，修订标准化定义为：为了在一定的范围内获得最佳秩序，经协商一致制定并由公认机构批准，共同使用的和重复使用的一种规范文件。标准宜以科学、技术和经验的综合成果为基础，以促进最佳的共同效益为目的。并将规范性文件（标准文件）描述为：为各种活动或其结果提供规则、导则或规定特性的文件。

标准定义包含了几个方面的特点：

a．重复性。标准制定的对象是事物和概念，具有重复出现且状态相对稳定的特点。全面质量管理在企业生产管理中被反复利用、重复检验。根据反复应用积累的实践经验制定标准，指导、规范后来实践的依据，以减少实践活动中多余的重复工作，扩大标准的重复利用；

b．统一性。标准是一种统一规定，体现了标准的民主、科学、社会、适用和公正。标准经有关各方（生产、用户、检测等）协商一致制定，形成统一的、各方均可接受的、共同遵守的准则和依据，保证在一定的范围内获得最佳秩序；

c．科学性。标准制定的基础是科学、技术和实践经验的综合成果。在标准制定过程中，基于这一综合成果，分析、比较、选择、验证成果在实践活动中的可行性和合理性、普遍性和规律性，经过科学论证，形成规范、科学、严谨的标准；

d．权威性。标准须由公认机构批准。公认机构可以是国家授权的，或社会公认的法定组织机构或管理机构。经过公认机构对标准制定过程、标准内容等的审核，确认标准的科学性、民主性、社会性、可行性、适用性和公正性，以特定的形式发布，保证标准的严肃性和发布后的权威性。

标准化是标准从制定到发布实施的科学活动。"是在经济、技术、科技及管理等社会实践中，对重复性的事务和概念，通过制定、发布和实施标准达到统一，以获得最佳秩序和社会效益"（GB/T 3935.1）。《GB/T 20000.1-2002 标准化工作指南 第一部分 标准化和相关活动的通用词汇》中，修订标准化定义为：为了在一定范围内获得最佳秩序，对现实问题或潜在问题制定共同使用和重复使用的条款的活动。并注明：

a．上述活动主要包括标准的编制、发布和实施过程；

b．标准化的主要目的是改进产品、过程或服务的适用性，防止贸易壁垒，并促进技术合作。

标准化是标准编制、发布和实施的活动过程。《中华人民共和国标准化法》第三条规定：制订标准、组织实施标准和对标准的实施进行监督是标准化工作的主要任务。

标准化的目标是获得最佳秩序和社会效益。是依据国家和社会的利益，构建依法、有序的标准环境；实现国家和社会的整体效益。

7.2 标准理论

标准制定，需要理论支撑和实践的总结。理论基础，包括标准化理论、系统科学理论、专业理论等。

标准化理论，包括方法论和管理理论。

a．方法论

1．简化原理

研究标准化对象的结构、功能、性能等内涵和表象，并筛选、提炼，精炼并确定其共性和个性、能够满足普适性需要的高效能环节。

对多余的、不能反映标准化对象本质的、可替换的元素，予以剔除，保持标准整体精炼、合理，效率相对较高。

2．统一原理

对依据简化原理精炼并确定的满足普适性需要的高效能环节，确定适合一定时期、一定条件的一致性规范。

环节包括标准化对象特征要素，如形式、功能、性能及其他技术特性等，与所指代的标准化对象达到等效。

3．协调原理

建立标准化体系时，采用适宜、有效的方式，协调体系相关的内、外因素，协调体系内标准之间的适应性、平衡性、一致性，保证标准体系整体功能达到最佳，产生实际效能。

4．优化原理

基于简化、统一、协调，根据标准制订目标，设计、选择、精炼、调整标准构成要素及其相互关系，以达到最佳效果。

b．管理理论

1．系统效应原理

系统效应是构成标准体系的各个子系统相互关联、相互影响、相互协同形成的整体效应，整体效应大于子系统的单一效应。

系统效应原理，强调标准化体系的系统性、合理性和系统效能，而非子系统数量和单一效应。

2．结构优化原理

标准化体系构成要素形成的标准化结构，是提升标准化体系系统效应的关键，是标准化体系的构成基础。

结构优化原理，是优化标准化体系结构，使之有序、合理、有效，产生最大系统效能。

3．有序发展原理

标准化体系的构成要素和功能，是随着时间、环境、技术等的发展、变化，适时调整、改进、完善，以保持标准的有序性，不断发挥系统效应。

4．反馈控制原理

标准化体系的构成要素，是相互关联、相互作用的，同时，受到外部环境的制约和影响。依据有序发展原理，体系是动态可调整的，它不断接受内、外部各种信息的反馈，从而实现标准化体系的调节和控制。

反馈是保证标准化体系有序演化、发展，保持体系构成要素的稳定性和环境适应性，是实现标准化目标的主要因素。

系统科学理论，主要包括系统论、控制论和信息论。

a．系统论

根据贝塔朗菲（L．Von．Bertalanffy）的理论，任何系统都是有机的整体，不是由系统构成要素简单叠加或组合形成，系统的整体功能是各个构成要素在孤立状态下不具有的新质。

贝塔朗菲认为，系统构成要素不是孤立存在的，各个要素处于相对的位置，发挥特定的作用。要素之间相互关联、作用，构成系统整体，发挥整体系统效应。

在标准化体系研究中运用系统论的基本理论和思想，是用系统、动态、分层的方法，分析、研究标准化体系的构成要素、功能，研究要素、环境和标准化体系的相互关联、作用和影响，优化、改进、完善标准化体系。

b．控制论

控制论是研究各种类系统的调节和控制规律的科学。依据诺伯特·维纳（Norbert Wiener）的理论，控制论是研究动态系统在变化的环境条件下如何保持平衡或稳定状态的科学。

用系统论的基本理论和思想研究标准化体系，不能缺失人为的控制和干预。依据控制论理论，标准化体系控制和干预，可以采用PDCA过程模式，计划、组织、检查、改进、完善，控制活动是动态循环过程。

c．信息论

信息论是控制论的基础。控制论的基本特征之一是在外部环境和系统之间存在信息传递的通道。依据反馈控制原理，标准化体系不断接受内、外部各种信息的反馈，在环境、条件等制约因素和演化过程中，使标准趋近于事实，实现标准化体系的管理和控制目的。

7.3　属性和特征

个人信息安全标准是衡量个人信息生态环境安全的准则，是保证个人信息生态系统平衡的秩序。个人信息安全标准具有特定的属性和特征，可以从不同角度、不同方面研究个人信息安全。

属性和特征是相互关联又相互区别的2个基本概念。属性是标准的内他在的性质，特征是标准的外在的表现形式。属性是个人信息安全标准区别其它标准的特殊性，特征则是这种特殊性的外在表现。

个人信息安全标准的属性，主要包括：

a.客观性

1.个人信息生态系统的存在是客观的，个人信息安全标准反映系统内在功能和演化，规范、制约系统内各要素行为；

2.个人信息安全标准是开放、可调整的，依据个人信息生态系统的演化、个人信息生态环境变化、社会生态系统演化，调整、改进、完善。

b.社会性

1.个人信息安全标准是约束个人信息生态系统要素行为的社会机制和社会秩序；

2.个人信息安全标准是个人信息生态系统与社会生态系统相互关联、相互作用、相互影响，并将结果转化为机制、秩序。

基于属性的特征表现，主要包括：

a.目的有效性。个人信息安全标准覆盖个人信息生态系统，涉及个人信息生态系统内要素、关系、过程、管理、环境、条件等，也涉及社会生态系统对个人信息生态系统的作用、影响，需要规范个人信息生态系统内要素的自组织行为，也需要保证个人信息生态系统平衡，同时，需要保证社会生态系统与个人信息生态系统的和谐。因而，目的是复合、多样的，目的的有效性，保证个人信息安全标准内涵的适宜性；

b.生态环境多样性。个人信息生态系统与社会生态系统是共生的，社会生态系统是由多要素构成的复杂系统，是人类群体与其生存环境在特定时间、空间、环境、条件下的组合。因而，个人信息生态环境是复杂、多样的，个人信息安全标准必须适应这种多样性；

c.开放性。个人信息生态系统与社会系统、社会生态系统相互关联、相互作用、相互影响，因而，个人信息安全标准是开放的，必须适应社会、经济的发展。

d.相关性。个人信息生态系统与社会生态系统相关，个人信息安全标准的形成过程，是在社会生态系统内实施个人信息管理的过程，标准的功能，体现了整体性、完整性，构建了个人信息生态系统他组织秩序，促进社会生态的有效演化。

个人信息安全标准的功能是统一、协调，相互补偿的，形成个人信息管理的最佳秩序和效能。

7.4 标准体系架构

如前述，构成标准化体系标准是相互关联、相互影响、相互协同的有机整体，标准的相互作用形成标准化体系框架。

个人信息安全标准体系框架，如图7.1所示。

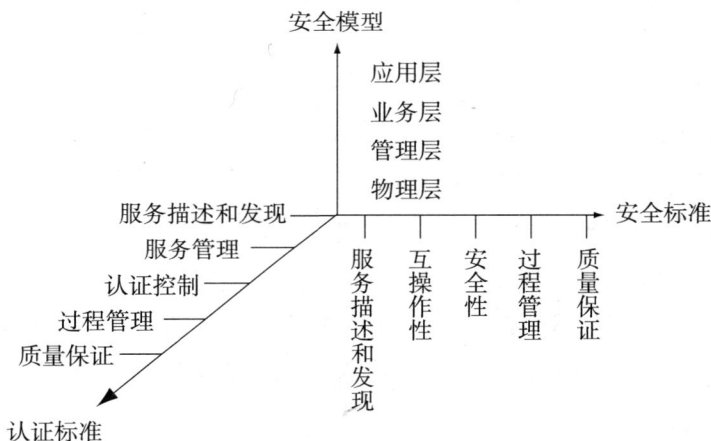

图 7.1 个人信息安全标准体系框架

a. 体系基础

个人信息安全标准体系的基础，是国际、国内信息安全、信息服务等相关法规、标准以及国际上个人信息安全相关标准等，如IOS/IEC27000系列、ISO/IEC13335系列等，ISO/IEC20000，OECD Guidelines on the Protection of Privacy and Transborder Flows of Personal Data，Directive 95/46/EC of the European Parliament and of the Council of 24 October 1995 on the protection of individuals with regard to the processing of personal data and on the free movement of such data，個人情報保護マネジメントシステム—要求事項、個人情報の保護に関する法律等。

b．安全模型

个人信息安全模型，基于社会形态内个人信息访问控制的可能性设计。一般包括，访问主体、访问客体及相关管理、控制机制。

个人信息安全模型，将访问控制划分4个层次：

1．物理层：模型底层。社会形态存在的空间和时间结构。包括环境要素、生产要素、社会要素等。物理层的主要功能，是为个人信息传递提供物理空间。

2．管理层：模型第2层。社会形态的控制结构。包括物种要素、资源要素、关系要素等。管理层的主要功能，是为个人信息使用提供规则、策略。

3．业务层：模型第3层。业务流程的控制结构。包括业务结构、业务逻辑、生产关系、技术能力、资源分配等要素。业务层的主要功能，是规范业务流程中涉及个人信息的活动和行为。

4．应用层：模型第4层。活动和行为的控制结构。包括物理层、管理层要素，也包括与社会生态系统的关联要素等。应用层的主要功能，是在社会形态存在的空间和时间内，为个人信息使用提供相应的服务。

c．安全标准

1．服务描述和发现：在个人信息生态系统内，个人信息管理者是个人信息管理服务的提供者，提供依据个人信息生态环境描述、发现、管理个人信息的服务。

•个人信息生态环境描述：物理层的基本说明。

•服务提供的描述和发现：基于安全模型应提供的服务模式、服务方式、管理机制、控制策略等。

2．互操作性：在个人信息生态系统与社会生态系统交互中，具有基于个人信息安全标准，使用交互信息的能力。

•语法：标准的基本要素，包括体例、格式、结构、句法等，能够提供语法互操作性，具备语法协同工作能力。

•语义：语义指向、词语精炼和相对模糊、遣词造句等，能够提供语义互操作性，具备语义协同工作能力。

•管理活动或行为：管理措施、控制策略等应具备跨边界、跨生态的协同工作能力。

3．安全性：个人信息生态系统的安全保障体系，包括风险管理、安全管理策略、安全机制、安全服务等。

4．过程管理：个人信息管理服务过程的改进、完善机制。采用PDCA模式，发现、识别缺陷、问题，提供合理、有效、充分的服务，改进、完善管理过程。

5．质量保证：个人信息管理服务质量、水平的保证。包括服务的可用性、合理性、有效性、充分性、可靠性等。

d．认证标准

1．服务描述和发现：基于个人信息安全标准，认证服务提供的模式、方法、流程、约束等。

2．服务管理：识别社会形态的基本状况、个人信息生态系统，提供组织、计划、职能、能力等管理措施和控制策略。

3．认证控制：认证过程的控制策略。包括认证行为管理、现场管理等。

4．过程管理：认证过程的改进、完善机制。采用PDCA模式，发现、识别缺陷、问题，提供合理、有效、充分的服务，改进、完善管理过程。

5．质量保证：认证服务质量、水平、客户满意度保证。包括服务的有效性、合理性等。

个人信息安全标准是个人信息安全的基础，个人信息安全认证基于标准展开、实施。各标准之间是相互关联、作用和影响的。

7.5 标准边界

个人信息管理者是个人信息安全标准的规范主体。与个人信息管理者相关，且与个人信息直接、间接接触的接触面，可以称为个人信息安全标准的规范边界。

个人信息安全标准的边界条件，是个人信息生态系统的表现形式、系统的自组织行为、个人信息生态系统与社会生态系统的相互作用和影响、社会生态系统施加到个人信息生态系统的约束等。明确边界条件，个人信息安全管理标准可以清晰描述社会形态内部垂直、水平、外部和环境边界的控制模式。

a．垂直边界：明确个人信息安全管理体系内的层级结构，确定不同的职责和权限。层级结构，是任何社会形态正常运行的管理保证，使管理信息、资源配置、沟通协调等可以按照一定的规则流通，保证总体目标的实现。因而，个人信息安全标准在管理机制描述（服务描述和发现）中应明确体系的层级结构。

b．水平边界：明确个人信息生态系统构成要素间的关联关系。个人信息安全管理体系是个人信息生态系统的投射面，系统构成要素的关联、作用反映了生态系统的演化过程。这种关联、作用，包括职能、活动、行为等，需要在个人信息安全管理标准中描述和发现。

c．生态边界：明确个人信息生态系统与社会生态系统的关联。个人信息生态系统与社会生态系统是共生的，并依托社会生态系统存在。因而，个人信息生态系统与社会生态系统相互作用和影响。这种关联关系，应在个人信息安全标准中有所体现。

d．外部边界：明确社会形态之间的关联、作用和影响。不同社会形态之间存在相互关联、作用和影响，它们之间的相互交流，作用和影响个人信息生态系统的演化。演化是正向的抑或是逆向的，需要个人信息安全标准的约束。

边界存在，是实现社会形态的总体目标、管理和竞争优势的保证。但是，如果单纯强调边界，可能产生大量资源损耗。因而，在服务描述和发现中，应尽量减少管理层次，适当增加有效管理幅度，实行扁平化管理。

7.6　标准研究

7.6.1　综述

本节以日本工业标准JIS Q 15001:2006《个人信息保护管理体系——

要求事项》（個人情報保護マネジメントシステム―要求事項）和英国BSI标准BS 10012:2009《数据保护——个人信息管理体系规范》（Data protection-Specification for a personal information management system）为例，研究个人信息安全标准的构成。

个人信息保护管理体系（個人情報保護マネジメントシステム）或个人信息管理体系（personal information management system），是以保护（手段）为目的，规范与手段相关的法律适用、技术适用和管理适用的策略和方式、方法。关注各种规则的建立。在实施过程中，易于忽视规则的存在，流于形式。

如前述，体系是个人信息生态系统的演化形态。这个形态可以映射出个人信息生态系统的特征、属性，包括环境因素、人为因素、技术因素、管理因素、制约个人信息生态系统的社会生态系统因素等等众多变化的因素约束在这个形态中，这些因素相互关联、相互作用、相互影响，在他组织、自组织行为效能的制约下，实现相对均衡的状态。

同时，体系不是孤立、割裂的，构成体系的要素、过程、活动也不是孤立、割裂的，与生态系统相关联，相制约，接受生态系统确立的秩序，规范、有效地展开体系内各种活动，约束关键物种的行为。

个人信息管理体系规则的建立，应基于个人信息的生态环境，研究个人信息的存在形态、制约因素、他组织行为等，统一、系统、科学、完整地规范个人信息管理活动或行为。

7.6.2　个人信息保护管理体系—要求事项

日本确定了确立适用于公共部门和非公共部门个人信息保护的基本原则，制定特殊领域的个别法，鼓励非公共部门实施行业自律的个人信息保护机制。

日本信息处理开发协会（JIPDEC）1999年3月制订了日本工业标准（JIS）《个人信息保护管理体系要求事项》（個人情報保護マネヅメントッステム—要求事项）（JIS Q 15001），开始实施个人信息保护标识机制。

1999年4月，根据JIS Q 15001，JIPDEC开始进行个人信息保护审核、认证工作（P—MARK认证）。替代争端解决机制，配合《个人信息保护法》的实施。

日本工业标准JIS Q 15001:2006《个人信息保护管理体系—要求事项》（個人情報保護マネジメントシステム—要求事項），规定了个人信息保护管理体系的相关事项。（以下简称要求事项）

个人信息保护管理体系，强调以个人信息保护法和要求事项确立的规则为导向，引导个人信息保护的实现。因而，要求事项具有独特的特点，主要包括：

a．确立以管理体系的形式系统、科学地管理个人信息。

b．制定个人信息保护方针，规范管理体系必须遵循和执行的规则和措施。

c．基于管理体系的PDCA过程模式等。

日本模式已经成为亚太地区、乃至全球个人信息保护的典型模式。因而，要求事项具有一定的指导意义。

基于国情和个人信息生态环境建设行业自律标准，要求事项具有明显的局限性：

a．构建个人信息生态系统模型，研究管理体系的构成要素、要素活动和行为、制约因素、环境因素等。

b．扁平化管理是管理科学的方向，但亦应明确管理边界。如7.5所述。

要求事项不具有法律效力。借助行政指导、行业自律及认证等措施，并不能约束收集、处理、使用个人信息的行为，恶意收集、使用或泄漏个人信息的事件，屡有发生，而且事后救济和制裁措施不完善。

2005年开始实施的《个人信息保护法》（個人情報の保護に関する法律），是日本实施个人信息保护的基本法。以个人信息有效利用，同时加以保护为宗旨，确立了个人信息保护的基本方针和应采取的措施，明确了国家、地方公共团体的责任和义务，以及处理、使用个人信息的个人信息处理业者的义务等。

除《个人信息保护法》外，还分别制定了国家行政机关、地方公共团体、行政法人等的相关法规，如《关于行政机关持有的个人信息保护的法律》、《关于独立行政法人持有的个人信息保护的法律》等。意味着日本已经构建了相对完善的个人信息保护法律体系。

日本个人信息保护法律体系，基于人格利益的保护，同时，推进行业自律机制，保障法律实施的有效性和充分性。因而，日本个人信息保护体系相对宽泛、适用。

7.6.3 数据保护——个人信息管理体系规范

欧盟各国普遍认为，人格权是法律赋予自然人的基本权利，个人信息体现了自然人的人格利益，应当采取相应的法律手段加以保护。因而，欧盟制定了一系列严格、完善、规范的个人信息保护法律框架。它采用两个层次的立法模式：欧盟统一立法和欧盟成员国国内立法。通过指令、原则、准则、指南等立法规制，欧盟要求各成员国建立统一的个人数据保护法律、法规体系，保证个人数据在成员国之间自由流通。

1995年，欧盟通过的《个人数据保护指令》，几乎涵盖了个人数据保护的所有领域，包括个人数据处理形式、个人数据收集、记录、储存、修改、使用或销毁，以及基于网络的个人数据收集、记录、传播等。

欧盟立法模式覆盖面广，适于各种个人数据的相关行为。同时对向第三国跨境传输个人数据进行限制，要求必须通过欧盟的"充分性"保护标准。

欧盟立法的基准是传统的人格权理论，它强调人格利益的精神权益保护。随着社会发展、经济一体化，特别是科学技术的进步，人格利益具有了更多、更直接的商业价值和经济利益，反映出人格利益的商品化和多元化。立法模式引发的"边界效应"，往往使法律流于形式。

2009年6月2日，英国为维持、提高数据保护法律的有效性，发布了欧盟第一个个人信息保护标准BS10012:2009 Data protection-specification for personal information management system，为遵从数据保护法律和最佳实践提供维护和改进框架。标准的发布，清晰地表明仅仅依靠法律的严谨不能保证个人信息的安全，需要相应的标准维持和提高法律的遵从度。

BS10012汲取了国际上已成功实施的相应标准的经验、数据安全的需求变化及社会经济科技的最新发展，是适合英国乃至欧盟实际国情的。

在标准制订中，BS10012是可资借鉴：

a．BS10012是在法律的基础上改进、完善管理体系。因而，在制定相应标准时，如何在无法律依托下保证标准的严谨性和可操作性，保证行业自律的有效性和充分性；

b．BS10012采用PDCA模式构建标准。在制定相应标准时，是采用相应模式，还是将PDCA思想融于整体框架中，是标准的可读性、可操作性的选择。

c．BS10012的表意是按照欧洲人的习惯，且有法律依托，因而，可能存在理解偏差。与之比较，规范的表意如何传达国情、习惯，使标准具有普适价值。

7.6.4 中国的标准化创新之路

自2004年开始，大连软件行业协会在大连市信息产业局的支持下，组织专家、企业及相关人员开始研究个人信息保护的相关问题，并基于个人信息保护相关问题、理论和实践的研究，相继发布实施了《大连软件及信息服务业个人信息保护规范》、DB21/T1522《辽宁省软件及信息服务业个人信息保护规范》地方标准。为了提高全社会的个人信息保护意识，规范个人信息管理和使用，维护公民基本的人格权，构建个人信息保护体系，2008年6月19日，大连软交会期间，辽宁省正式发布了我国第一部个人信息保护地方标准—DB21/T 1628《个人信息保护规范》，为企事业、机关团体等组织建立个人信息保护制度提供可供参考的依据，提高个人信息保护能力和个人信息安全规范管理水平和质量。

在个人信息安全标准研究中，遵循以下原则：

a．实用性与前瞻性结合。遵循经济、社会发展的需要及信息安全的特征，制订实用、适用的标准，同时，关注科学技术的进步和经济、社会的发展；

b．引用与发展结合。国内尚未形成相关个人信息安全的法律、法规体系，未有成熟的经验可资借鉴；同时，企业也没有建立个人信息安全管理体系的经验。因此，参考和引用国外相关法规、标准，是构建我国个人信息安全标准的捷径。但应采用发展的眼光，根据我国国情和特点，有所创新，编制符合我国经济、社会发展需要的标准。

DB21/T 1628-2008《个人信息保护规范》主要依据国际、国内相关法律、法规及信息安全相关标准，如ISO27001、ISO27002、JIS Q15001、我国《个人信息保护法》专家建议稿、《辽宁省软件及信息服务业个人信息保护规范》等，遵循OECD《关于保护隐私和个人数据跨国流通的指导原则》，参考国际通行的个人信息保护相关法规和行业自律模式编制。

《辽宁省个人信息保护规范》是基于尊重和保护个人的人格权，面向全社会的实施、推广编制的，具有以下特点：

a．自动和非自动处理

由于各种原因，在社会各个行业中，仍然存在大量的、非自动处理的、人工收集、加工、存储、传输、检索、咨询、交换个人信息的业务。我国的国情决定了这种非自动处理情况会在一定时期和阶段普遍存在，也恰恰是个人信息保护的重点之一。因此，在规范中予以考虑，并与自动处理视为同等重要；

b．个人信息数据库

标准定义了三种类型的个人信息数据库：可以通过自动处理检索特定的个人信息的集合体，如磁介质、电子及网络媒介等；可以采用非自动处理方式检索、查阅特定的个人信息的集合体，如纸介质，声音，照片等；除前两项外，法律还规定了可检索特定个人信息的集合体；

c．个人信息的利用行为

目前，在大量的个人信息利用行为中，个人信息二次开发和交易是社会关注的焦点。一些商业机构受利益驱动，分析、挖掘、加工个人信息，以获得个人信息主体的个人隐私；或利用个人信息赚取利润，个人信息及其主体存在极大的安全隐患。交易行为包括个人信息管理者之间交换所掌握的个人信息、个人信息管理者出售所掌握的个人信息等。不论个人信息交易还是个人信息交换，多数是在个人信息主体不知情或不能控制的情况下进行的，直接侵犯个人信息主体的知情权、控制权等合法权益，对个人信息主体的危害更为严重，可能导致个人信息主体的人格权益不可逆转地灭失，人格权益的灭失，对个人信息、个人信息主体将产生巨大的安全隐患和威胁。因此，在规范中特别考虑了个人信息利用的规范化；

d. 个人信息保护认证机制

目前，大连市实施的个人信息保护评价体系，对促进个人信息保护工作的开展，树立企业形象和信誉是比较成功的，是可资借鉴的。因此，《辽宁省个人信息保护规范》中规定"为提供个人信息保护的质量保证，应对个人信息管理者实施个人信息保护的状况进行评价，以确定其与个人信息保护相关法律、法规、规范的符合性、一致性和目的有效性，并以此作为颁发个人信息保护认证证书的依据。"

经过多年的深入研究、实践验证和经济、社会的发展，个人信息安全事件的特征发生变化，对个人信息相关安全法规、标准的认识不断进步、发展，我们重新梳理、阐释个人信息保护的内涵、机理，研究个人信息保护与信息安全、管理体系的关联关系，研究个人信息生态系统中个人信息的存在等，重新修订DB21/T 1628-2008《个人信息保护规范》，建立科学化、规范化、体系化的个人信息安全标准。

基于前述的研究，DB21/T 1628．1-2012《个人信息保护规范》（修订）采纳了GB/T24405 IT服务管理的基本思想和GB/T19001质量管理原则，以服务管理为导向，关注个人信息生命周期内服务管理能力、服务管理质量，构建相对平衡的个人信息生态环境，通过质量管控实现安全目的。规范规定了普适的个人信息管理过程中各要素的约束条件。在管理过程中，管理活动或行为可以视为要素。在个人信息管理过程中，个人信息保护是针对个人信息及相关资源、环境、管理体系等要素的管理活动或行为之一。

在修订中，与DB21/T 1628-2008比较，DB21/T 1628．1-2012的主要变化，包括：

a. 个人信息保护体系修订为个人信息安全管理体系；

b. 个人信息保护监察修订为个人信息安全管理体系内审；

c. 个人信息安全管理体系要素划分调整为个人信息管理方针、个人信息管理机构和职责、个人信息管理机制、个人信息管理过程、个人信息安全管理、个人信息安全管理体系内审、过程改进和应急管理；

d. 个人信息保护管理机构调整为个人信息管理机构；

e. 个人信息保护是针对个人信息及相关资源、环境、管理体系的管理活动或行为之一，因而将个人信息保护修订为个人信息管理，增加了个人信息管理相关规则，标准各章节依据这一规则修订；

f. 修订个人信息交易相关条款；

g. 原13、16章合并，并修订为过程改进；

h. 个人信息保护负责人调整为个人信息管理者代表；个人信息保护监察负责人调整为个人信息安全管理体系内审代表。

i. 本部分的修订，充分考虑其他管理体系，如GB/T19001—2000、GB/T 24405.1—2009、GB/T 24405.2—2010、GB/T 22080—2008、GB/T 22081—2008等的特点，为多种管理体系的融和实施，奠定适宜的基础。

经过多年的研究、实践，大连已经为建设个人信息安全标准系列积累了大量的规范、文档、资料和经验，形成了标准化知识体系雏形。

由于个人信息的多样态存在和分布，个人信息安全涉及管理、业务、技术安全、信息安全、质量管理、认证体系、认证保证等全方位、多领域的研究。同时，由于社会生态系统与个人信息生态系统的共生关系，个人信息安全与复杂的社会因素存在必然的联系。因而，建设科学、规范、普适的个人信息安全标准系列，是个人信息安全发展趋势的使然。

在DB21/T 1628．1-2012《个人信息保护规范》（修订）中，我们提出了标准化设想，主要包括：

a. 个人信息安全管理体系实施指南

b. 个人信息数据库管理指南

c. 个人信息管理文档管理指南

d. 个人信息安全风险管理指南

e. 个人信息安全管理体系安全技术实施指南

f. 个人信息安全管理体系内审实施指南等。

《个人信息安全管理体系实施指南》已申报辽宁省地方标准，将于2012年审定发布；《个人信息安全风险管理指南》也将于2012年申报大连地方标准。

7.7 法律研究

如前述，在个人信息生态系统演化过程中，存在着组织和自组织。与个人信息生态系统相关的各要素（人、个人信息和个人信息环境）、社会形态、社会环境、社会活动和实践等共同建构协调个人信息生态环境安全的"秩序"。"法律"即是控制、指导、干预个人信息生态系统行为规范的秩序之一。

7.7.1 法律关系

法律关系是在社会生态系统中依据法律规范形成的一种社会关系。在构建社会生态系统秩序（法律规范）中，法律关系是确认并调整人们行为过程形成的权利和义务关系。

7.7.1.1 法律关系的特征

根据法律关系的特征，个人信息生态系统的秩序构建，接受共生宿主社会生态系统的约束。

a. 法律关系是体现意志性的特殊社会关系。

从个人信息生态系统考虑，包含两个方面：

1. 个人意志。人是社会生态系统，同时也是个人信息生态系统的主体要素，在社会生产、社会活动、社会生活中形成人与人、人与各种社会形态、人与各种社会关系、人与社会环境等的关系。为适应社会生态系统，随着人对社会、自身的认知，构成个人信息的物质性人格要素和精神性人格要素也在发生变化，不断改变、完善以人格为基础，也包括价值特征的精神性要素。

随着经济发展、社会进步，更凸显个人信息无形的物质性财产权益。个人信息滥用、个人信息侵权、个人信息和个人信息资源垄断等，促使个人信息生态系统向低层次演化，个人信息生态系统呈现失衡状态，表现为个人信息焦虑。

希望改变这种状态的个人意志，即在这种状态下表达出来。它表达了在社会生态系统内要求恢复个人信息生态系统平衡，保障个人信息主体权益的诉求和意志。

2．国家意志。并不是所有个人意志都是统一的，如3．5．1实例分析，某些个人攫取个人信息的物质性财产权益，以获取经济利益；很多个人则试图保护自己的合法权益。当多数试图保护自己合法权益的个人形成利益共同体，达成个人意志的一致，形成共同意志。

共同意志的形成，是个人信息生态系统演化过程中的自组织过程。在缺乏秩序约束下，个人信息生态系统演化是无序、混乱的。达成共同意志的共识，是依靠传统、道德、文化、社会约束等的自我约束、自我协调实现的。

共同意志反映了国家的整体利益趋向，并依靠国家机器维护、延续意志的存在，从而构成国家意志。个人信息生态系统的自组织过程，试图阻滞系统向低层次的演化进程，希望依靠国家意志，构建有效的秩序，与自组织过程互相作用、影响，促使系统的有序演化。

b．法律关系是通过法律规定和调整的社会关系。

1．社会生态系统存在多种复杂的社会关系，与之共生的个人信息生态系统接受这些社会关系的约束和影响。在传统、道德、文化等自组织作用下维持个人信息生态系统的平衡，但社会生态系统内各种复杂社会关系相互作用和影响，约束和影响个人信息生态系统的演化。

因而，需要社会生态系统与个人信息生态系统共同建构法律规范（秩序），规定、调整法律关系主体行为过程中的权力、义务，控制、指导、干预个人信息生态系统演化路径。法律规范作用并影响个人信息生态系统，促使其有序演化。

2．社会生态系统内存在的各种社会关系对个人信息生态系统的约束和影响是不同的，有些关系可以通过法律规范规定和调整（如经济关系、行政管理关系等），也存在不易通过法律规范规定和调整的关系（如家人、友谊等），可以通过法律规范和调整的社会关系中，存在需要法律明确保护的个人信息生态系统要素，如对某些特殊个人的保护，这些保护不属于法律关系范畴。

3．在个人信息生态系统演化进程中，法律关系主体依据社会生态系统与个人信息生态系统共同构建的法律规范要求行使权力、履行义务，并因此发生特定的法律关联。因而，在个人信息生态系统内，法律关系是某些物种（法律主体）之间合法的权利和义务关系，是以法律明确的权利、义务为纽带形成的、共生体之间相互关联的社会关系。

c．法律关系是通过国家强制力保证实施的社会关系。

法律关系相关法律主体应享有的权利受到国家强制力的保护，承担的义务受到国家强制力的监督。个人信息生态系统内自组织的反向作用，抵消组织的作用和影响，使系统失衡。造成这种情况的原因，是组织过程的无序和失效。个人信息滥用、个人信息侵权、个人信息和个人信息资源垄断等，促使个人信息生态系统向低层次演化，组织过程无序，是国家强制力的弱化，未能有效保护个人信息主体的权利。

7.7.1.2　法律关系的要素

法律关系的构成要素，由法律关系主体、法律关系客体和法律关系内容构成，同样适用于个人信息生态系统内各种法律关系的要素构成。三个要素内涵的差异，形成不同的法律关系。

a．法律关系主体

在个人信息生态系统中，存在诸多的物种，具有一定的形态和特征，支撑生态系统的存在。某些物种参与系统的演化进程，接受法律规范的约束和调整，在法律上享有权利、承担义务，形成法律关系主体。

1．个人信息主体。人是个人信息生态系统的核心和能动要素，是系统的关键物种，主导系统的演化过程。

个人信息主体具有生物学意义和法理人格，并被赋予民事主体资格。具有自然人生物遗传特征的物质性人格要素和在社会活动、实践中形成的具有社会、法律属性的精神性人格要素。

2．个人信息管理者。个人信息生态系统物种之一，是个人信息的管理主体，管理个人信息生态资源及针对资源的活动和行为。

个人信息管理者是社会生态系统中的一种社会形态，具有民事权利能力和民事行为能力，依据法律享有民事权利和承担民事义务。因而，在个人信息生态系统中，个人信息管理者能够独立承担个人信息管理的民事责任和义务，拥有依法使用、利用个人信息的权利（但不发生人格权益的转移）。

个人信息管理者是基于特定目的，经个人信息主体明确同意、委托、授权，依法收集、管理、使用个人信息资源的社会形态，因而，个人信息管理者可以根据其在个人信息生态系统中的生态位细分为个人信息消费者、个人信息处理者、个人信息提供者、个人信息窃取者等不同类别，具有同样的生态位特征，负有相同的权利和义务。

3. 国家。基于个人信息生态系统的宏观结构，国家作为关键物种，是国家意志的集中体现。

b. 法律关系客体

在个人信息生态系统内，作为法律关系主体的某些物种所指向的对象。

1. 资源。

如前述，个人信息生态系统的基本资源，是由个人信息的集合，与集合相关的管理、技术手段（及相关信息资源），集合的存储媒介和管理方式等构成的个人信息数据库形态。

在个人信息生态系统的基本资源中，与个人信息相关的管理、技术手段及相关信息资源、存储媒介和管理方式等，是个人信息管理的实体，接受法律关系主体支配，可以在个人信息管理中产生相应的价值或利益。这些资源是独立的，当参与法律关系后，不仅具有固有的物理属性，也具有了法律属性。

2. 物质性人格要素。物质性人格要素是依附于人的生命体征存在的，其生物遗传特征包括生命、身体、健康等，也包括意识、思维、情绪、感情等认知形式。

物质性人格要素，是个人信息主体识别的基本的物质形态。随着社会、经济的发展，凸显个人信息无形的物质性财产权益，个人信息生态系统的复杂特性，使参与法律关系的物质性人格要素，产生一系列法律关联。

在个人信息生态系统进化中，物质性人格要素依附于个人信息主体（法律关系主体），参与法律关系，并因此成为法律关系客体。

3．精神性人格要素。精神性人格要素，是在社会活动和实践中，通过人对社会、自身的认知，逐渐形成的，包括姓名、肖像、自由、名誉、荣誉等。

精神性人格要素，是个人信息主体识别的基本的非物质形态。随着社会、经济的发展，精神性人格要素所承载的无形的、潜在的价值和利益空间飙升，同样基于个人信息生态系统的复杂特性，使参与法律关系的精神性人格要素，产生一系列法律关联。

在个人信息生态系统进化中，精神性人格要素是个人信息主体在社会活动和实践中，对社会、自身认知形成的物化成果，参与法律关系，并因此成为法律关系客体。

4．行为、活动。在个人信息生态系统演化过程中，法律关系主体的行为、活动结果是法律关系客体。法律关系主体的行为、活动结果是其权利、义务指向的对象，能够满足关系主体的利益要求。

这种结果可以分为两种：

1）物化结果。在个人信息生态系统演化过程中，针对个人信息资源的行为、活动，与某种具体事务凝结，形成一定的有价值、利益的物化产品，如3．5所述。

2）非物化结果。在个人信息生态系统演化过程中，针对个人信息资源的行为、活动，并不与某种具体事务凝结，而仅表现为某种特定的行为、活动过程，可以获得某些法律关系主体期望的结果，如房地产商拥有的个人信息数据库，是商业性的。如果提供给其他不同的商业机构使用，购房人就可能难以摆脱房屋装修、家具制造、家用电器、房屋中介等等不同商品经销商的纠缠。

DB21/T 1628．1-2012《个人信息保护规范》确立的个人信息管理者的义务，是根据个人信息管理者（法律主体）在个人信息管理过程中的行为、活动结果设定的，行为、结果是个人信息管理者在履行义务过程中产生的，是在个人信息生态系统正向、有序演化进程中，对义务的规范理解和阐释，因而，并不完全等同于义务。这些义务可以作为法律的范例。

在个人信息生态系统中，存在多样态、多层次的法律关系，对应多种多样、不同形态的法律客体，在同一法律关系中，法律关系客体可以是单向存在，也可以是多向存在。如在个人信息交易中，法律关系客体包括个人信息资源，也包括所涉及的经济价值。

c. 法律关系内容

法律关系的内容是权利和利益的表征，权利是法律保护的某种利益，是对权利相对人的行为约束。义务是义务人必须履行的某种责任，是对义务人的行为约束。权利和义务是法律调整的特有机制，在个人信息生态系统演化中，是组织和自组织行为的明显区别。

1. 权利和义务是法律关系主体享有和承担的，其指向的对象是法律关系客体。

在个人信息生态系统演化过程中，规定、调整法律关系主体行为过程中的权力、义务，是社会生态系统与个人信息生态系统共同建构的法律规范（秩序）在个人信息生态系统中实现的形态表征。

在个人信息生态系统中，法律权利许可、保障法律关系主体在法律规范框架内的自组织活动，并可规定、制约其他相关法律关系主体的行为，当需要而不能实现时，可以要求高层次的法律保护。

在个人信息生态系统中，法律义务约束法律关系主体在法律规范框架内的自组织活动角色定位和应承担的责任。

法律关系主体获得相应的法律权利，则应自觉履行相应的法律义务，否则，必须承担法律规范明确的法律制裁。

以个人信息管理者为例，在个人信息生态系统中，个人信息管理者拥有依法使用、利用个人信息的权利，是在法律规范框架内，与个人信息主体之间（要素之间或法律关系主体之间）有目的的、主动的和有选择的自组织活动，同时制约其他法律关系主体使用、利用个人信息。同时，必须承担个人信息管理、保证个人信息安全的民事责任和义务，是在自组织活动中，接受法律规范的制约。如果仅仅获得使用、利用个人信息的权利，不自觉履行相应的法律义务和责任，必须接受相应的法律制裁。

2．基本权利义务和普通权利义务

法律规范在个人信息生态系统中实现的形态表征，权利、义务体现了个人信息生态系统演化过程中，不同层次的形态特征、功能、价值等的不同，包括基本权利义务和普通权力义务。

基本权利和义务，体现人在社会生态系统、在社会活动和实践中形成的社会属性和法律属性，反映了自然人的人格特征，是国家以宪法形式确认的公民的权利和义务。相关的基本权利和义务投射在个人信息生态系统中，反映了要素之间的利益关系。

普通权利和义务，体现个人信息生态系统中观结构的管理形态。如前述，个人信息生态系统中观结构，是研究各类个人信息管理者内部构成、管理机制、资源环境、外部环境等要素对个人信息生态系统的制约和影响。普通权利和义务反映了中观结构的管理属性和管理特征。

以人为基点，研究各种社会形态对人的能动性的制约和影响，分析人的能动性作用于生态系统的积极影响和负面效应的个人信息生态系统微观结构（如前述），是个人信息生态系统的核心。个人信息生态系统是复杂、多样态、多层次的，人的能动性也是多样的，所映射的法律规范的形态表征也是不同的。

3．绝对权利义务和相对权利义务

在个人信息生态系统演化中，个人信息主体的人格权益是唯一的，然而，人格要素的转移（包括商业化转让），其义务人是不特定的。因而，个人信息主体是向个人信息管理者主张权利的特定的法律主体，个人信息管理者是不特定的义务人。

4．个人权利义务、集体权利义务和国家权利义务。

对应个人信息生态系统微观结构、中观结构和宏观结构，法律关系主体应享有的法律权利和必须履行的法律义务。

d．法律关系主体能力。

法律关系主体享有法律权利，承担法律义务，必须具有相应的权利能力和行为能力。

1. 权利能力

权利能力是能够参与一定的法律关系，享有一定的法律权利、承担一定的法律义务的法律资格。

在个人信息生态系统中，可以依据生态系统的结构划分不同的权利能力：

• 个人信息主体的权利能力：是个人信息主体主张人格权益唯一性的能力，是每个人都具有的，不可转移或随意剥夺。

• 管理形态的权利能力：是在特定条件下主张个人信息使用权的法律资格，授予某些特定的法律关系主体。这一主体可以是个人信息管理者（法人），也可以是某个个人。

• 国家形态的权利能力：国家作为整体，可以直接参与个人信息相关的法律关系，具有国家强制能力。

2. 行为能力

行为能力是法律关系主体能够通过自身行为实际取得法律权利和履行法律义务的能力。

• 个人信息主体的行为能力：

（1）在个人信息生态系统演化进程中，个人信息主体必须具有人格权益唯一性的意识能力，并映射到法律上；

（2）个人信息主体提供个人信息行为的意识能力：目的、方式方法、安全、后果等；

（3）个人信息主体行为控制能力并对自身行为负责。

个人信息主体也可划分为完全行为能力人、限制完全行为能力人和无行为能力人。限制完全行为能力人和无行为能力人不能完全辨认自身行为或完全没有行为能力，但具有个人信息主体的权利能力，需要由监护人或委托代理人表达意愿。

• 管理形态的行为能力：

（1）管理形态取得法律权利，即取得履行法律义务的能力，二者是相互对应的；

（2）管理形态的行为能力与个人信息生态环境相关；

（3）管理形态消失，其权利能力和行为能力同时消失。

7.7.2 民事权利

民事权利是法律关系主体依法享有并受法律保护的利益范围或实施某一行为以实现某种利益的可能性。

民事权力、义务，是社会生态系统建构的法律规范（秩序）在社会生态系统中实现的形态表征。这些法律规范即是以民事方法调整平等的法律关系主体之间的民事财产关系和人身关系的民法。

在社会生态系统中，民事权利与系统构成要素相互关联、相互作用，当要素特征发生变化时，民事权利随之调整。要素特征变化，是社会生态系统正向或反向演化过程。依据要素特征，民事权利可以划分为不同类别，如可以划分为支配权、请求权、抗辩权和形成权。

社会生态系统是个人信息生态系统的宿主，二者的主体都是人及与人相关的各种社会形态。个人信息生态系统是社会生态系统的要素特例，接受社会生态系统的法律规范的约束，并共同建构适应个人信息生态系统的法律规范。

在个人信息生态系统演化过程中，与社会生态系统共同建构的法律规范应与社会生态系统的法律规范一致，个人信息主体享有的权利是民事权利的延伸：

a．知情权：人格权请求权的延伸，即知情请求权。人格要素包含经济利益，具有商业价值，兼具人格权属性和财产权属性。人格利益的人身依附性，使人格要素的财产权属性与主体紧密相连，以主体的人格为存在基础。

知情权是基于人格权产生的权利，在于预防、保护人格利益不受非法侵害。当知情权义务人收集、管理个人信息，即构成与个人信息主体的实质关系，确定为义务主体，对个人信息主体承担责任和义务。

b．支配权：与民事权利的支配权是一致的：

1．事实支配：人格要素是人格权的客体。个人信息主体对客体的支配是事实存在，是对自身与生俱来的物质性人格要素和在社会活动、实践中形成的精神性人格要素的直接、唯一占有；

2．法律支配：具有几种情况：

（1）当支配权义务人基于某种法律关系，收集、管理、使用个人信息时，形成对客体的占有，但个人信息主体仍然间接对个人信息构成支配关系，如雇佣关系；

（2）当支配权义务人基于某种特殊的法律关系，收集、管理、使用个人信息时，形成对客体的法律控制，个人信息主体虽仍然保持对个人信息的支配，但限于法律的约束，如司法等；

法律支配具有对客体的处分权。个人信息主体对个人信息的收集、管理、使用，具有事实的、直接的处分，但主体权利不发生转移。

c．质疑权：与民事权利的形成权类同。从社会生态角度，某种社会形态收集个人信息，即形成与个人信息主体的法律关系。由于人格要素、人格权益的唯一性，个人信息主体具有基于个人信息生命周期的质疑、修正、撤销权利。这些权利，由于个人信息主体的提出而形成某种法律效果。但与形成权不同的是，权力相对人（个人信息管理者）负有相对应的法律责任和法律义务。

因质疑权受到影响的法律关系可能是多样的，可以是知情权，也可以是支配权，包括与之相关的法律责任、法律义务、约束条件等。

在与个人信息主体形成的法律关系中，个人信息主体行使知情权、支配权和质疑权时，权力相对人（个人信息管理者）不具有抗辩权，没有拒绝请求的权利，即使因为法律例外，也是如此。

个人信息主体享有的权利，在一定条件下，可演化为公法权利。当个人信息主体与公共领域内的社会形态发生法律关系时，个人明显处于弱势和从属地位，打破了民事法律关系之间的平等关系，因而，需要宪法确认的基本权利介入民事权利。

在个人信息生态系统演化过程中，某些平等的法律关系主体占有资源、人员、管理、技术等多方面的优势实力，个人信息主体明显处于弱势和从属地位，打破了双方的平等关系，因而，也需要在宪法确认的基本权利介入民事权利。

7.7.3 法律与标准

如前述，在个人信息生态系统演化过程中，组织和自组织相互作用和影响，在系统构建时，通过组织有序演化；在组织过程中，作用并影响自组织过程，促使系统有序演化。

组织的作用，是建设个人信息生态环境内控制、指导、干预个人信息生态系统行为规范的"秩序"。"秩序"包括相应法律、法规、标准、规章、制度等。

标准是"为了在一定的范围内获得最佳秩序，经协商一致制定并由公认机构批准，共同使用的和重复使用的一种规范文件"。标准宜以科学、技术和经验的综合成果为基础，以促进最佳的共同效益为目的。

当标准具有法律属性，通过法律、行政法规等手段强制施行，以保障人体健康，人身、财产安全时，标准特征是强制性的；推荐性标准被法律、法规引用后，具有同样的标准特征。

法律是以公共权力为基础，具有国家强制力的行为规则，在国家权力管辖范围内对全体社会成员具有普遍的约束力。法律是以立法形式明确的社会规范，确立了社会成员的权利和义务关系，并加以保障。

在个人信息生态系统中，标准是以个人信息安全为目标，规定相应的技术特性或特征的技术规范，是调整、约束法律关系主体与个人信息生态系统、社会生态系统之间关系的技术规则；法律则是以规范法律关系主体的权利义务为主导，调整、约束法律关系主体之间、法律关系主体与生态系统之间关系的社会规则，是调整、约束法律关系主体的行为关系的规则。

法律与标准统一在控制、指导、干预个人信息生态系统行为规范的"秩序"中，其价值取向的评价是一致的：

a. 法律框架与行业自律的统一

在市场经济体制下，自由是基本的法律要素，法律关系主体可以自主决定自身的行为和活动。然而，自由不是无限制的，否则，将导致社会生态系统向低层次演化破坏生态系统的平衡。

行业自律是社会生态系统，也是个人信息生态系统内的自组织行为，通过自我管理、自我协调、自我约束，实现生态系统的平衡。通过行业内的理性自律，行为关系主体在追求自身的自主权利的同时，承担对系统内其它相关要素的责任和义务，将自由和权利统一融合在社会生态系统内。

依据法学原理，行为关系主体实现权利，需要设定相应的责任和义务，并为自身行为的结果承担责任。这种责任和义务，仅仅通过行业自律制定的技术性标准说明是不够的，需要建构法律框架，设置相应的法律规则。

因而，行业自律标准统一在法律框架下，约束标准化过程，将标准的技术性规范与法律关系主体的法律责任和法律义务统一融合：立法强制、救济；标准弥补立法不足，提供技术支撑，约束自我管理、自我调节。

b. 权利与生态系统平衡的统一

个人信息生态系统是在组织和自组织的共同约束下有序演化。组织行为确立了不同的法律关系，如前述，法律关系主体的权利、义务体现了个人信息生态系统演化过程中，不同层次的形态特征、功能、价值等的不同。

在个人信息生态系统中，个人信息主体的权利是唯一的。其他法律关系主体的权利是以尊重个人信息主体权利为基础，维护个人信息生态系统的平衡。

因而，尊重个人信息主体权利，遵守法律规范确立的法律责任和法律义务，是社会生态系统平衡的本质，也是法律框架确立的基本原则。

第八章
社会发展的制约因素

　　我国地域辽阔，经济、社会发展不平衡，自然生态系统、社会生态系统存在很大差异，经济、人文、社会发展亟不平衡，科学理念、科技进步难以同步，人的思维、意识因而存在差异，个人信息安全意识不趋同，即使发达地区，亦存在差异。

8.1 社会经济发展状况

a．自然条件

自然条件形成的生态系统是限制社会经济发展的主要因素。在我国社会经济发展中，由于自然条件和其它相关因素限制，形成了包括东部和中西部的社会经济区域：

1．我国中西部地区地域辽阔，历史悠久，资源丰富，约占全国国土面积60％以上，但沙漠戈壁、海拔3000米以上高寒地区占到2/3以上。自然条件恶劣，土地贫瘠、地广人稀，气候干燥，生存条件差。

因而，中西部地区市场狭小，经济基础薄弱，经济发展缺乏凝聚效应，限制了投资环境的改善。

2．我国东部地区以平原为主，兼以森林草原，土地肥沃、雨水丰沛，自然条件较好，人口密度很高。

因而，东部地区经济基础雄厚，经济发育程度较高，便于开展较大规模的产业布局和经济发展、物流畅通、贸易发展。

城乡之间形成的自然生态，也是限制社会经济发展的主要因素。由于我国的城乡二元经济结构，城乡经济发展不平衡。农村经济典型的以小农经济为主，与城市相比，农村经济附加值不高，基础设施建设相对落后，社会事业、公共服务水平较低，经济发展能力不平衡。

b．历史条件

东西部经济发展不平衡，是在漫长的历史进程中长期变动逐渐形成的。数千年来，经济发展一直存在差异，经济重心不断变迁。

以农业为本的中国古代经济，历代统治者均将其发展的重点放在东部地区，肥沃的土地、丰饶的物产成为支撑封建统治者的物质后盾，国家的经济重心逐步由中原地区向长江中下游和东南沿海地区转移，使中西部地区的经济发展日益凋敝。

尤其近现代，清末各种因素加剧了经济发展的不平衡。由于东部优越的地理条件，西方资本主义国家对中国的投资集中在这里，而对中西部资源掠夺更加残酷，经济愈发落后。

解放初期的"三线"建设和近几年的西部大开发，虽然取得了一定成效，但没有根本改变区域发展不平衡的状况，地区差距在逐步扩大。

c．社会差异

由于自然和历史的原因，东部地区和中西部地区存在很大的社会差异：

1．中西部地区人口增长过快，大部分贫困人口聚积在西部，素质低下。人口素质低下，特别是文化、科技素质低下，教育发展水平低，制约经济发展、社会进步。

2．中西部少数民族地区人口文化、科技素质更低。

3．传统、民族的固有文化、观念等依然束缚中西部人们的思想，思想观念比较保守、陈旧，难以接受新思想、新观念。与东部地区的差异较大，严重影响社会发展。

4．相比中西部地区，东部地区经济基础较好，生产力发展水平较高，文化、科技水平发展较快，人口素质较高。

由于城乡之间形成的自然生态，城乡之间文化、科技素质，社会发展也存在很大差异。

d．制度差异

区域社会经济发展不平衡，与特定历史时期实施的制度建设存在必然的关系：

1．由于中西部地区教育事业发展比较滞后，基础教育水平落后，人力资源存在极大差异，制约社会、经济的发展。

2．向市场过渡进程中，国家政策向东部倾斜，造成与中西部地区发展的差异。差异之一是地方法规建设，中西部地区相对落后、不健全。

由于城乡之间存在的社会差异，城乡之间也存在明显的人力资源差异，城乡居民的受教育程度差异显著。

8.2 社会生态系统

如前述，社会生态系统是社会系统环境与人的相互作用及对人的行为的影响。社会系统环境包括文化、传统、习俗、科学水平、自然环境等，研究社会生态系统与人的相互关系，必须考虑社会生态系统基本要素的制约，这些基本要素包括人、秩序、社会结构等。

a. 自然环境

1. 自然环境是社会经济发展的外部条件。自然环境是人类赖以生存和发展的物质基础，为人类的社会生活、经济活动提供了广泛的生存空间、丰富的资源和其他必要的相关条件。

2. 当自然环境有序、有效利用，将对社会经济活动产生影响，从而制约、影响、改变社会生态系统。

3. 在社会生态系统内，政治、文化、意识、思维等要素，通过自然环境的作用，间接反作用于社会生活、经济活动。

人类基于自然环境的社会经济活动，实现高效的社会组织、合理的社会政策，取得相应的经济效果，必然促进社会经济发展，推进科学技术进步和社会生态系统的有序演化，提高物质和精神生活水平。

b. 人文环境

1. 人文环境是人类在基于自然环境展开的社会经济活动中创造的非自然环境，包括在社会活动和实践中形成的行为方式、思维方式、认知方式、生活方式、道德准则等对社会生态系统产生直接或间接作用和影响的软性人文环境。

2. 道德、传统、文化等是社会生态系统中的自组织约束机制，维系系统的进化。当传统道德文化的积极部分接受秩序（制度建设、法规建设、政治建设等）的约束，社会生态系统正向、有序演化。

3. 然而，传统道德文化的负效应，阻碍社会的创新和进步，社会关系僵硬、社会力量薄弱。在基于自然环境展开的社会经济活动中，这种负效应累积、物化，影响和制约社会生态系统的正向演化。

4. 社会生态系统的演化，影响和制约人的行为方式，包括心理、精神诸多方面。人的行为方式的进化，推进社会进步。

8.3　个人信息安全影响

8.3.1　自然因素

由于区域经济社会发展的不平衡，在社会生态系统中，人的社会基础存在很大差异，教育资源分布不均，文化教育水平和能力不同，人的价值观、意识、思维、观念、行为等也相去甚远。

中西部许多地区发展水平落后，仍然顽强地保留传统的以宗法制度为基础，强调群体价值和整体性思维方式的社会形态，虽然已经开始发生变化，但囿于社会发展、文化、教育、科技水平，对个人信息安全、保证个人信息安全必要性的逐步认识，尚需时日。

东部地区由于文化、科技的快速发展，社会经济的进步，人口素质较高，已经意识到个人信息安全的紧迫性，并正在采取行动，许多城市开始着手法规、标准建设。

即使发达地区，也仍然存在某些社会组织、城乡之间个人信息安全认识的差异，对推动个人信息法规、标准体系建设形成桎梏。

这种情况与西方隐私观的形成类似。

隐私观念是随着历史的发展和人类文明进程逐渐形成的。在反对封建专制主义的近代资产阶级革命中，资产阶级依据自由、平等、博爱的人本主义思想，逐渐形成了资产阶级的隐私观。这种隐私观渴望和追求私生活的自由，反对他人干扰、干涉、干预个人的私生活权利，包含了与个人隐私相关的基本内容。

个人信息是个人隐私的延伸，其内涵和外延更加宽泛。在社会信息化、经济一体化的今天，自然人个体的社会活动和实践更加广泛、深入，所涉及的领域愈加宽广。

从隐私观的形成过程，我们可以得到启示。经济社会发展水平低下的地区，只有普及教育资源，提高文化、教育、科技水平，提高人口素质，促进经济发展，社会进步，才能提高全民的个人信息安全意识，真正确保个人信息主体的权益。

8.3.2 传统因素

如前述，传统的以父子-君臣关系为人格化体现的伦理-政治系统，是中国社会的特色，绵延久远，其深层结构仍在主导、传承。在社会发展、科技进步，特别是社会、生活信息化过程中，必然与这种传统文化碰撞，冲击中国人的价值观和思维方式。

a．由于自然环境的不同，社会生态系统也存在巨大的差异。差异的表征之一，是传统文化的传承和能动性。

b．在社会生态系统内，政治、文化、意识、思维、观念、行为等要素，必然受到中华传统文化的影响和制约，这种影响和制约与社会经济发展密切相关。

c．传统文化始终是中国社会系统内在的自组织约束机制。当社会经济发展相对滞后，依然需要传统文化的能动作用，这种作用是强大的。

d．当社会经济发展持续进步，将逐渐弱化传统文化的能动作用，建立与传统文化相适应的社会"秩序"，并在秩序的规范下，社会生态系统有序、正向演化。

e．在社会生态系统内，社会化环境要素，也必然受到中华传统文化的熏陶。这些要素，如前述，包括家庭、社会活动和实践、学校、人群、信息传播等。要素存在的社会基础，包括生产方式、政治和法律制度、社会规范、价值体系、信仰体系、风俗、种族和民族、家庭、学校、人与人、宗教、职业、其他社会团体或组织等。

在社会经济发展相对滞后的地区，人们仍然习惯沿袭传统文化的约束。随着社会经济发展的不断进步，逐渐改变、接受新的思维、观念、行为。

因而，在社会经济发展相对滞后的地区，改变传统的以宗法制度为基础，强调群体价值和整体性思维方式，提高个人信息安全认知，构建个人信息安全法规、标准体系，需要假以时日，随着社会经济发展的不断进步，逐步实现。

附录A 修订的辽宁省地方标准

ICS 35.020

L70

DB

辽 宁 省 地 方 标 准

DB 21/ T1628.1—2012

代替DB21/T1628-2008

信息安全 个人信息保护规范

Information Security-Specification for Personal Information Protection

2012 – 2 – 7发布　　　　　　　　　　2012 – 03 – 07实施

辽宁省质量技术监督局 发布

前言

本标准代替DB21/T 1628—2008《个人信息保护规范》。与DB21/T 1628—2008相比，本标准除编辑性修改外，主要技术变化如下：

——个人信息保护体系修订为个人信息安全管理体系；

——个人信息保护监察修订为个人信息安全管理体系内审；

——个人信息安全管理体系要素划分调整为个人信息管理方针、个人信息管理机构和职责、个人信息管理机制、个人信息管理过程、个人信息安全管理、个人信息安全管理体系内审、过程改进和应急管理；

——个人信息保护管理机构调整为个人信息管理机构；

——个人信息保护是针对个人信息及相关资源、环境、管理体系的管理活动或行为之一，因而将个人信息保护修订为个人信息管理，增加了个人信息管理相关规则，标准各章节依据这一规则修订；

——修订个人信息交易相关条款；

——原13、16章合并，并修订为过程改进；

——个人信息保护负责人调整为个人信息管理者代表；个人信息保护监察负责人调整为个人信息安全管理体系内审代表。

——本部分的修订，充分考虑其管理体系，如GB/T19001—2000、GB/T 24405.1—2009、GB/T 24405.2—2010、GB/T 22080—2008、GB/T 22081—2008等的特点，为多种管理体系的融和实施奠定适宜的基础。

本标准是依据GB/T1.1—2009《标准化工作导则 第1部分：标准的结构与编写》制订的。

本标准由大连市经济和信息化委员会提出。

本标准由辽宁省经济和信息化委员会归口。

本标准主要起草单位：大连软件行业协会、辽宁省信息安全与软件测评认证中心。

本标准主要起草人：郎庆斌、孙鹏、曹剑、孙毅、吕蕾蕾、王开红、郭玉梅、李倩。

DB21/T 1628—2008《个人信息保护规范》于2008年6月首次发布，本次修订为第一次修订。

引言

DB21/T1628已经实施近3年,对辽宁省个人信息保护工作起到了重要的指导作用。个人信息安全领域相关研究、实践,随着社会、经济、文化等各个领域的深刻变革不断深入,个人信息安全事件的特征发生变化,对个人信息相关安全法规、标准的认识不断进步、发展,有必要调整DB21/T1628的结构,修订DB21/T1628的内容,建立规范的个人信息安全标准体系。

本标准修订以个人信息管理为主线、个人信息安全为目的,规定普适的个人信息管理过程中各要素的约束条件。在管理过程中,管理活动或行为可以视为要素。在个人信息管理过程中,个人信息保护是针对个人信息及相关资源、环境、管理体系等的管理活动或行为之一。

本标准修订后,将陆续编制个人信息安全标准体系其他标准,主要包括:

——个人信息安全管理体系实施指南

——个人信息数据库管理指南

——个人信息管理文档管理指南

——个人信息安全风险管理指南

——个人信息安全管理体系安全技术实施指南

——个人信息安全管理体系内审实施指南等

信息安全 个人信息保护规范

1 范围

本标准规定了个人信息管理原则、个人信息主体权利、个人信息管理者的义务、个人信息管理、个人信息安全管理体系建立、个人信息管理过程、个人信息安全管理、个人信息安全管理体系内审、过程改进等的基本规则和要求。

本标准适用于自动或非自动处理全部或部分个人信息的机关、企业、事业、社会团体等组织及个人。

2 术语、定义和缩略语

2.1 术语和定义

下列术语和定义适用于本文件。

2.1.1

个人信息 personal information

与特定个人相关、并可识别该个人的信息，如数据、图像、声音等，包括不能直接确认，但与其他相关信息对照、参考、分析仍可间接识别特定个人的信息。

2.1.2

个人信息数据库 personal information database

为实现一定的目的，按照某种规则组织的个人信息的集合体。包括：

a）可以通过自动处理检索特定的个人信息的集合体，如磁介质、电子及网络媒介等；

b）可以采用非自动处理方式检索、查阅特定的个人信息的集合体，如纸介质、声音、照片等；

c）除前两项外，法律规定的可检索特定个人信息的集合体。

2.1.3

个人信息主体 personal information subject

可通过个人信息识别的特定的自然人。

2.1.4

个人信息管理者 personal information controller

获个人信息主体授权，基于特定、明确、合法目的，管理个人信息的机关、企业、事业、社会团体等组织及个人。

2.1.5

个人信息管理 personal information management

计划、组织、协调、控制个人信息及相关资源、环境、管理体系等的相关活动或行为。

2.1.6

个人信息安全管理体系 personal information Security management system

个人信息管理活动或行为的结果。基于个人信息管理目标，整合目标、方针、原则、方法、过程、审核、改进等管理要素，及实现要素的方法和过程，提高个人信息管理有效性的系统。

2.1.7

个人信息收集 personal information collect

基于特定、明确、合法的目的获取个人信息的行为。

2.1.8

个人信息处理 personal information process

自动或非自动处置个人信息的过程，如收集、加工、编辑、存储、检索、交换等及其他使用行为或活动。

2.1.8.1

自动处理 automatic processing

利用计算机及其相关和配套设备、信息网络系统、信息资源系统等，按照一定的应用目的和规则，收集、加工、编辑、存储、检索、交换等相关数据处置行为或活动。

2.1.8.2

非自动处理 non-automatic processing

除自动处理外的其他数据处置行为或活动。

2.1.9

利用 utilize

基于特定、明确、合法目的，提供、委托第三方使用个人信息及其他因某种利益使用个人信息的行为。

2.1.10

个人信息主体同意 personal information subject agreement

个人信息管理活动或行为与个人信息主体意愿一致，个人信息主体明确表示赞成。表达形式包括：

a）个人信息主体以书面形式同意；

b）个人信息主体以可鉴证的、有规范记录的、满足书面形式要求的非书面形式同意。

注：下述情况视为个人信息主体同意：

a）由监护人代表未成年的或无法做出正确判断的成年个人信息主体表达的意愿；

b）个人信息管理者与个人信息主体签订合同中确认了相关个人信息处理的规定，个人信息主体同意履行合同。

2.2 缩略语

2.2.1

PDCA Plan-Do-Check-Act

全面质量管理应遵循的科学方法。本标准用于个人信息管理相关活动的质量管理。

2.2.2

PISMS personal information Security management system

个人信息安全管理体系。

3 个人信息管理原则

3.1 目的明确

收集个人信息应有明确的目的，不应超目的范围处理、利用、使用。

3.2 主体权利

个人信息主体对与个人相关的个人信息享有权利。

3.3 信息质量

在管理活动或行为中保证个人信息的准确性、完整性和最新状态。

3.4 合理限制

收集、处理、使用、利用个人信息，应采用合法、合理的手段和方式，并保持公开的形式。

3.5 安全保障

应采取必要、合理的管理和技术措施，防止个人信息滥用、篡改、丢失、泄露、损毁等。

4 个人信息主体权利

4.1 知情权

a）确认个人信息数据库中与个人信息主体相关的信息；

b）确认个人信息收集、处理、使用、利用的目的、方式、范围等相关信息；

c）查询个人信息收集、处理、使用、利用情况及个人信息质量等相关信息。

4.2 支配权

a）收集、处理、使用、利用个人信息，应经个人信息主体同意，并签字盖章；

b）个人信息主体有权修改、删除、完善与之相关的个人信息，以保证个人信息的完整、准确和最新状态；

c）个人信息主体有权决定如何使用与之相关的个人信息。

4.3 质疑权

a）个人信息主体有权质疑与之相关的个人信息的准确性、完整性和时效性；

b）个人信息主体有权质疑或反对与之相关的个人信息管理目的、过程等；

c）如果个人信息管理目的、过程违背了个人信息主体意愿或其他正当理由，个人信息主体有权请求停止个人信息管理活动、行为或提出撤销该个人信息。停止或撤销应经个人信息主体确认。

5 个人信息管理者义务

5.1 管理责任

个人信息管理者对所拥有的个人信息负有管理责任，并征得个人信息主体同意后开展个人信息管理相关活动或行为。

5.2 权利保障

个人信息管理者必须保障个人信息主体的权利。

5.3 目的明确

个人信息管理者必须保证个人信息管理目的与个人信息主体意愿一致，管理过程或行为不应超目的、超范围。

5.4 告知

个人信息管理者应将个人信息管理目的、方式、不提供个人信息的后果、查询和更正相关个人信息的权利以及个人信息管理者本身的相关信息等告知个人信息主体。

5.5 质量保证

个人信息管理者应在管理活动或行为中保证个人信息的完整性、准确性、可用性并保持最新状态。

5.6 保密性

个人信息管理者必须对所管理的个人信息予以保密，并对个人信息管理过程中的安全负责。

6 个人信息管理

6.1 目的

个人信息管理者应依据5.1，协调、组织PISMS和各类相关资源，根据收集目的，采取相应的控制策略和措施，处理、使用、利用个人信息。

6.2　计划

个人信息管理者应根据管理、业务目标，制订个人信息管理计划。计划应包括：

a）个人信息收集目的、策略；

b）个人信息管理措施、策略；

c）个人信息管理和各类相关资源的组织、协调、沟通；

d）个人信息安全风险评估；

e）计划评估；

f）其他必要的管理策略。

6.3　组织

个人信息管理者应根据管理计划，组织个人信息管理活动或行为，主要包括：

a）建立PISMS，保证管理、业务需要；

b）明确个人信息管理职责和行为准则；

c）实施、运行PISMS；

d）评估PISMS效能；

e）评估个人信息管理效果；

f）其他相关管理。

6.4　控制

个人信息管理者应根据管理计划，检查、修正个人信息管理相关活动、行为，并监督管理计划的实施。

6.5　协调

在个人信息管理活动或行为中，应注意个人信息主体与个人信息管理者、个人信息管理者各部门（从属机构）与PISMS、PISMS内、PISMS与相关资源之间等的协调、沟通。

7　个人信息安全管理体系（PISMS）

PISMS应包括以下要素：

a）目标和基本原则；

b）方针；

c）机构及职责；

d）管理机制；

e）管理过程；

f）安全管理；

g）内审；

h）过程改进；

i）应急管理。

8 个人信息管理方针

应是指导个人信息管理，保障个人信息安全，符合个人信息管理者实际情况，遵守国家相关法律、法规的原则和措施。应以简洁、明确的语言阐述，并公之于众。内容包括：

a）个人信息主体的权利；

b）个人信息管理者的义务；

c）个人信息管理的目的和原则；

d）个人信息管理的措施和方法；

e）个人信息管理的改进和完善。

9 个人信息管理相关机构及职责

9.1 最高管理者

个人信息管理者的最高行政领导，应重视个人信息管理，并选择、任命有能力的个人信息管理者代表组建、负责个人信息管理机构，在资金、资源等各个方面提供完全的支持。

9.2 个人信息管理机构

个人信息管理机构主要包括宣传教育、个人信息安全、服务台等责任主体，其主要职责包括：

a）个人信息管理计划制订、实施；

b）PISMS建立、实施、运行；

c）明确个人信息管理相关机构和人员职责、责任；

d）个人信息相关活动、行为的管理；

e）PISMS运行检查、评估、改进、完善；

f）记录个人信息管理活动，并编制PISMS运行报告。

9.2.1 宣传教育

宣传教育应指定责任主体，在个人信息管理者代表领导下开展工作。宣传教育的主要职责是：

a）组织、实施PISMS宣传、教育；

b）制订PISMS宣传、教育制度、计划；

c）制订PISMS宣传策略和方法；

d）个人信息相关知识、管理和安全技术等的宣传、教育；

e）改进、完善宣传、教育措施、方法。

9.2.2 个人信息安全

个人信息安全应指定信息安全责任主体负责，在个人信息管理者代表指导下开展个人信息安全管理工作。其主要职责应包括：

a）个人信息安全风险管理；

b）制订个人信息安全管理策略、措施；

c）实施个人信息安全管理措施；

d）改进、完善个人信息安全管理。

9.2.3 服务台

服务台应指定责任主体，在个人信息管理者代表领导下提供个人信息相关的服务。服务台的主要职责包括：

a）提供个人信息管理、安全的相关咨询和服务；

b）提供个人信息处理、使用建议和意见；

c）接受有关个人信息管理、安全的意见，并落实和反馈；

d）沟通、交流；

e）个人信息管理、安全相关事项、问题处理等的发布；

f）其他应处理的问题。

9.3　PISMS内审机构

PISMS内审机构应由最高管理者指定的PISMS内审代表负责，该代表可以在个人信息管理者内部选聘或聘请社会人士担任。其职责是：

a）独立、公平、公正地开展PISMS监督、检查、调查工作；

b）制订PISMS内审制度和内审计划，并按计划实施内审；

c）跟踪、监控、评估PISMS实施、运行；

d）编制内审报告，督促、建议PISMS的改进、完善。

10　个人信息管理机制

10.1　管理制度

应制定个人信息管理的相关规章和制度，包括基本的管理规章和适用于各从属机构、部门特点的管理细则，并使每个工作人员完全理解并遵照执行。

10.1.1　基本规章

基本规章是个人信息管理者及其工作人员应遵循的行为准则，应在实施过程中不断改进和完善。基本规章应包括以下各项：

a）个人信息管理相关机构职能及职责；

b）个人信息管理；

c）个人信息安全风险和安全管理措施；

d）个人信息数据库管理；

e）个人信息管理文档管理；

f）PISMS宣传、教育；

g）PISMS内审；

h）过程管理；

i）服务台管理；

j）应急管理；

k）违反相关规章的处理；

l）其他必要的管理制度。

10.1.2　管理细则

各从属机构、部门应根据实际需要制订与基本规章一致，并符合从属机构、部门实际、切实可行的相关管理细则。

10.1.3 其他管理规定

其他业务开展或有特殊要求的业务，涉及个人信息管理，应制订相应的管理规定。

10.2 宣传

10.2.1 基本宣传

个人信息管理者应在其内部向全体工作人员及其他相关人员说明个人信息管理的重要性和相关管理策略，以得到工作人员及其他相关人员对个人信息管理工作的配合和重视。

10.2.2 业务宣传

个人信息管理者处理涉及个人信息的相关业务时，应主动说明收集、处理、使用、利用个人信息的目的、措施、方法和规定，并作出保密承诺。

10.2.3 社会宣传

个人信息管理者应在相关媒介（宣传资料、网络媒介（如网站等）及其他相关的面向社会的电子类、纸质等材料）中增加个人信息管理的相关内容。

10.3 培训教育

10.3.1 计划

应根据人员、机构、业务、需求等实际情况，制订个人信息管理相关的培训和教育制度，适时开展相应的培训教育。

10.3.2 对象

培训教育的对象，应包括：

a）工作人员；

b）临时员工；

c）其他相关人员。

10.3.3 内容

培训教育的主要内容，应包括：

a）个人信息安全相关法律、法规、规范、标准和管理制度；

b）个人信息管理的重要性和必要性；

c）PISMS的构成、实施等；

d）个人信息主体的权利、责任；

e）管理、业务活动中个人信息管理的方式、措施等；

f）违反个人信息安全相关标准可能引起的损害和后果；

g）其他必要的教育。

10.4　公示

公开、公示个人信息，应通知个人信息主体，并征得个人信息主体同意。通知的内容应包括：

a）个人信息管理者的相关信息；

b）公示的目的、方式、范围和内容；

c）个人信息主体的权利；

d）公示和非公示的结果。

10.5　个人信息数据库管理

10.5.1　保存

个人信息主体应明确确认其个人信息是否以简明、易懂的语言记载、存储在个人信息数据库中，并可以清楚无误地提取、拷贝这些信息。

10.5.2　时限

个人信息管理者应为个人信息的存储、保存设定一个合理的时限，并与目的充分相关。

10.5.3　备案

个人信息数据库的使用、查阅，应建立备案登记制度，并有专人负责。记录应包括责任人、存储（保存）目的、时限、更新时间、获取方法、获取途径、位置、使用目的、使用方法、安全承诺、废弃原因和方法等。

10.6　个人信息管理文档

10.6.1　记录

应在个人信息管理过程中记录与个人信息相关活动和行为的目的、时间、范围、对象、方式方法、效果、反馈等信息。这些活动和行为包括体系建立、宣传、培训教育、安全管理、过程改进、内审等。

10.6.2 备案

应建立与个人信息管理相关的规章、文件、记录、合同等文档的备案管理制度，并不断改进和完善。

10.7 人员管理

10.7.1 相关人员

应明确与个人信息管理相关人员的权限、责任，加强监督和管理，防范未经授权的个人信息接触、职责不清等风险。

10.7.2 工作人员

应加强所有与个人信息管理者相关工作人员的宣传和教育，明确岗位职责，提高保护个人信息主体权益的意识，避免发生个人信息安全事件。

10.7.3 激励

应采取有计划的措施，激发工作人员与个人信息管理机构之间的互动交流、合理诉求，增强工作人员保护个人信息的热情、责任感、积极性和事业心，以实现个人信息管理目标。

11 个人信息管理过程

11.1 收集

11.1.1 目的

所有个人信息收集行为，必须具有特定、明确、合法的目的，并应征得个人信息主体同意，限定在收集目的范围内。

11.1.2 限制

应基于特定、明确、合法的目的，采用科学、规范、合法、适度、适当的收集方法和手段，以保障个人信息主体的权益：

a）应将收集目的、范围、方法和手段、处理方式等清晰无误的告知个人信息主体，并征得个人信息主体同意；

b）被动收集时，应将收集目的、范围、内容、方法和手段、处理方式等以适当形式公开，如以公告形式发布。如有疑义、反对，应停止收集；

c）个人信息主体应采用适当的措施，防止不正当收集个人信息。

11.1.3 类别

11.1.3.1 直接收集

征得个人信息主体同意，直接从个人信息主体收集个人信息。应向个人信息主体提供的信息包括：

a）个人信息管理者的相关信息；

b）个人信息收集、处理、使用的目的、方法；

c）接受并管理该个人信息的第三方的相关信息；

d）个人信息主体拒绝提供相关个人信息可能会产生的后果；

e）个人信息主体的查询、修正、反对等相关权利；

f）个人信息安全和保密承诺；

g）后处理方式。

11.1.3.2 间接收集

非直接地收集个人信息时，也应保证个人信息主体知悉并同意。间接收集必须保证个人信息主体利益不受侵害。应保证个人信息主体知悉的信息参照11.1.3.1。

11.2 处理

个人信息管理者处理、使用个人信息应基于明确、合法的目的，并遵循以下约束：

a）应征得个人信息主体同意；或为履行与个人信息主体达成的合法协议的需要；

b）应在个人信息收集目的范围内处理、使用个人信息。如需要超目的范围处理、使用个人信息，应征得该个人信息主体同意。通知信息参照11.1.3.1。

c）在处理、使用个人信息时，应履行第5章规定的相关义务，保证个人信息安全。

11.3 利用

11.3.1 提供

11.3.1.1 合法性

个人信息管理者所拥有的个人信息，应是依特定、明确、合法的目的，经个人信息主体同意，采取适当、合法、有效的方法和手段获得的，并不与收集目的相悖。

11.3.1.2 权益保障

个人信息管理者合法拥有的个人信息，在向第三方提供时，应履行第5章个人信息管理者的义务，保障个人信息主体的合法权益。

11.3.1.3 授权许可

个人信息管理者向第三方提供个人信息，应获得该个人信息的个人信息主体授权，并在允许的目的范围内，采用合法、适当、适度的方法使用。应向个人信息主体说明的信息，参照11.1.3.1。

11.3.1.4 质量保证

第三方接受个人信息管理者提供的个人信息，应履行5.5节的规定。

11.3.1.5 安全承诺

个人信息管理者向第三方提供个人信息时，应获得第三方以书面形式（或以可见证的、有规范记录的、满足非书面形式要求的非书面形式）保证个人信息的完整性、准确性、安全性的明确承诺，避免不正确使用或泄露。

11.3.2 委托

11.3.2.1 范围限定

委托第三方收集个人信息或向第三方委托个人信息处理业务时，应在个人信息主体明确同意的或委托方以合同或其他方式要求的使用目的范围内处理，不可超范围、超目的随意处理，并将受托方相关信息提供给个人信息主体。提供的信息可参照11.1.3.1。

11.3.2.2 委托信用

涉及个人信息委托业务时，应选择已建立PISMS的个人信息管理者，以建立相应的委托信用机制，保证不会发生个人信息泄露或个人信息滥用。在委托合同中应包括：

a）委托方和受托方的权利和责任；

b）委托目的和范围；

c）保护个人信息的安全措施和安全承诺；

d）再委托时的相关信息；

e）PISMS的相关说明；

f）个人信息相关事故的责任认定和报告；

g）合同到期后个人信息的处理方式。

11.3.3　其他

11.3.3.1　二次开发

分析、整合、整理、挖掘、加工等个人信息二次开发，应履行第5章个人信息管理者的义务，征得个人信息主体同意，并限定在个人信息主体同意的范围内，避免随意泄露、传播和扩散。通知的内容应包括：

a）个人信息管理者的相关信息；

b）二次开发的目的、方式、方法和范围；

c）安全措施和安全承诺；

d）事故责任认定和处理方式；

e）开发完成后的处理方式。

11.3.3.2　交易

个人信息交易应履行第5章个人信息管理者的义务，征得个人信息主体同意，并限制在个人信息主体同意的范围内处理使用，避免随意泄露、传播和扩散。通知的内容应包括：

1）个人信息管理者相关信息；

2）个人信息来源的合法性、有效性；

3）个人信息交易的必要性；

4）个人信息交易的目的、方式、方法和范围；

5）安全措施和安全承诺；

6）事故责任认定和处理方式；

7）交易完成后的处理方式。

11.4　使用

任何使用个人信息的行为，应履行第5章个人信息管理者的义务，征得个人信息主体同意，并限定在个人信息主体同意的范围内，避免随意泄露、传播和扩散。通知信息参照11.1.3.1。

11.5 后处理

个人信息处理、使用后，应根据个人信息主体意见或合同约定方式，采取相应的安全措施，避免发生丢失、损毁、泄漏等安全事故。

11.5.1 质量

个人信息处理、使用、利用后，如需继续保存、使用、返还，应保证个人信息的准确性、完整性和最新状态。

11.5.2 销毁

个人信息处理、使用、利用后，如不需继续保存、使用、返还，应彻底销毁与个人信息相关的文档、介质等及其记录的个人信息。

12 个人信息安全管理

12.1 风险管理

应在个人信息管理过程或行为中，识别、分析、评估潜在的风险因素，制定风险应对策略，采取风险管理措施，监控风险变化，并将残余风险控制在可接受范围内。

12.2 物理环境管理

应根据需要采取必要的措施，保证个人信息存储、保存环境的安全，包括防火、防盗及其他自然灾害、意外事故、人为因素等。

12.3 工作环境管理

应注意工作人员工作环境内所有相关的个人信息管理，防止未经授权的、无意的、恶意的使用、泄露、损毁、丢失。工作环境包括：

a）出入管理；

b）工作桌面；

c）计算机桌面；

d）计算机接口；

e）计算机管理（文件、文件夹等）；

f）其他相关管理。

12.4 网络行为管理

应制订网络管理措施，采用相应的技术手段，引导、约束通过网络利用、传播个人信息的行为，构建规范、科学、合理、文明的网络秩序。

12.5　IT环境安全

应在整体信息安全体系建设中，充分考虑个人信息及相关因素的特点，加强个人信息安全防护，预防安全隐患和安全威胁。如网络基础平台、系统平台、应用系统、安全系统、数据等的安全，及信息交换中的安全防范、病毒预防和恢复、非传统信息安全等。

12.6　个人信息数据库安全

个人信息管理者应保证个人信息数据库存储、保存的个人信息的准确性、完整性、保密性和可用性，并随时更新，以保证个人信息的最新状态。

12.6.1　管理安全

个人信息管理者应履行第5章规定的义务，建立个人信息数据库管理机制。包括：

a）个人信息数据库管理和使用制度；

b）个人信息数据库管理者的职责；

c）维护和记录；

d）事故处理。

12.6.2　使用安全

应根据个人信息自动和非自动处理的特点，制定相应的个人信息数据库管理策略，包括访问/调用控制、权限设置、密钥管理等，防止个人信息的不当使用、毁损、泄露、删除等。

12.6.3　备份和恢复

应制订个人信息数据库备份和恢复机制，并保证备份、恢复的完整性、可靠性和准确性。

13 PISMS内审

13.1　管理

a）应审核个人信息管理相关活动和行为、PISMS、PISMS实施和运行过程；

b）内审应由与审核对象无直接关系人实施；

c）内审应提出过程改进和完善建议。

13.2 计划

应根据相关法律、规范和实际需求制定PISMS内审计划：

a）内审目标和原则；

b）内审策略和控制措施；

c）组织、协调相关资源；

d）内审周期、时间；

e）职责、责任；

f）内审实施；

g）其他必要的措施。

13.3 实施

应根据PISMS内审计划，定期独立、公平、公正地实施内审，并形成内审报告。

14 过程改进

14.1 服务台管理

服务台应接受个人信息主体、各类组织和人员提出的个人信息管理活动、PISMS的相关意见、建议、咨询、投诉等，并采取相应的处理措施，及时反馈。

14.2 跟踪和监控

PISMS内审机构应实时跟踪、监控PISMS的实施、运行，及时发现潜在的安全风险、缺陷和存在的问题，提出整改建议。

14.3 持续改进

个人信息管理机构应依据相关法规、内审报告、需求变化、服务台反馈、跟踪监控结果等，采用PDCA模式，定期评估、分析PISMS运行状况，并持续改进和完善：

a）分析、判断PISMS实施、运行中的缺陷和漏洞；

b）制订预防和改进措施；

c）实时预防、改进；

d）跟踪改进结果。

15 应急管理

个人信息管理者应制定应急预案，评估、分析收集、处理、使用个人信息过程中可能出现的个人信息泄露、丢失、损坏、篡改、不当使用等事故，采取相应的预防措施和处理。预案应包括：

a）事故的评估、分析；

b）事故的处理流程；

c）事故的应急机制；

d）事故的处理方案；

e）事故记录和报告制度；

f）事故的责任认定。

16 例外

16.1　收集例外

不允许收集、处理、使用敏感的个人信息。经个人信息主体同意，或法律特别规定的例外，但应采取特别的保护措施。敏感的个人信息包括：

a）有关思想、宗教、信仰、种族、血缘的事项；

b）有关身体障碍、精神障碍、犯罪史及相关可能造成社会歧视的事项；

c）有关政治权利的事项；

d）有关健康、医疗及性生活的相关事项等。

16.2　法律例外

基于以下目的的例外，可以不必事先征得个人信息主体同意，但应依据相关法规，或经由专门机构确定：

a）法律特别规定的；

b）保护国家安全、公共安全、国家利益、制止刑事犯罪；

c）保护个人信息主体或公众的权利、生命、健康、财产等重大利益等。

17 评价

为提供个人信息管理、PISMS的质量保证，应评价个人信息管理者实施、运行PISMS的状况，以确定其与个人信息安全相关法律、法规、规范的符合性、一致性和目的有效性，并以此作为颁发PISMS认证证书的依据。

附录B 日本工业标准

個人情報保護マネジメントシステム—要求事項

まえがき

　　この規格は，工業標準化法に基づき，日本工業標準調査会の審議を経て，経済産業大臣が改正した日本工業規格である。

　　これによって，JIS Q 15001:1999は改正され，この規格に置き換えられた。

　　この規格は，著作権法で保護対象となっている著作物である。

　　この規格の一部が，技術的性質をもつ特許権，出願公開後の特許出願，実用新案権，又は出願公開後の実用新案登録出願に抵触する可能性があることに注意を喚起する。経済産業大臣及び日本工業標準調査会は，このような技術的性質をもつ特許権，出願公開後の特許出願，実用新案権，又は出願公開後の実用新案登録出願にかかわる確認について，責任をもたない。

日本工業規格（案）　JIS Q 15001：2006

個人情報保護マネジメントシステム―要求事項

Personal information protection management systems—Requirements

1 適用範囲

　　この規格は，個人情報を事業の用に供している，あらゆる種類，規模の事業者に適用できる個人情報保護マネジメントシステムに関する要求事項について規定する。

　　事業者は，次の事項を行う際に，この規格を用いることができる。

　　a）個人情報保護マネジメントシステムを策定し，実施し，維持し，及び改善する。

　　b）この規格と個人情報保護マネジメントシステムとの適合性について自ら確認し，適合していることを自ら表明する。

　　c）外部組織又は本人に，この規格と個人情報保護マネジメントシステムとの適合性について確認を求める。

2 引用規格

　　現時点では，引用規格はない。

3 用語及び定義

　　この規格で用いる主な用語及び定義は，次による。

3.1 個人情報

　　個人に関する情報であって，当該情報に含まれる氏名、生年月日その他の記述などによって特定の個人を識別できるもの（他の情報と容易

に照合することができ，それによって特定の個人を識別することができ
ることとなるものを含む。）。

3.2 本人

個人情報によって識別される特定の個人。

3.3 事業者

事業を営む法人，その他団体又は個人。

3.4 管理者

事業者の内部において代表者から指名された者であって，個人情報保
護マネジメントシステムの実施及び運用に関する責任及び権限をもつ者。

3.5 監査責任者

事業者の内部において代表者から指名されたものであって，公平，
かつ，客観的な立場にあり，監査の実施及び報告を行う責任及び権限を
もつ者。

3.6 本人の同意

本人が，取得，利用又は提供に関する情報を与えられた上で，自己
に関する個人情報の取得，利用又は提供について承諾する意思表示。本
人が子どもの場合は，保護者の同意も得るべきである。

3.7 個人情報保護マネジメントシステム

事業者が，自らの事業の用に供する個人情報を保護するための方
針，体制，計画，実施，監査及び見直しを含むマネジメントシステム。

3.8 不適合

要求事項を満たしていないこと。

3.9 是正処置

検出された不適合の原因を除去するための処置。

4 要求事項

4.1 一般要求事項

事業者は，個人情報保護マネジメントシステムを確立し，実施し，
維持し，及び改善しなければならない。その要求事項は，箇条4全体で

規定する。

4.2 個人情報保護方針

　事業者の代表者は，個人情報保護の理念を明確にした上で，次の事項を含む個人情報保護方針を定めるとともに，これを実行し維持しなければならない。

　a）事業の内容及び規模を考慮した適切な個人情報の取得，利用及び提供に関すること（特定された利用目的の達成に必要な範囲を超えた個人情報の取扱い（以下，"目的外利用"という。）を行わないこと及びそのための措置を講じることを含む。）。

　b）個人情報への不正アクセス，個人情報の漏えい，滅失又はき損の防止並びに是正に関すること。

　c）苦情対応に関すること。

　d）個人情報の取扱いに関する法令，国が定める指針及びその他の規範を遵守すること。

　e）個人情報保護マネジメントシステムの継続的改善に関すること。

　f）代表者の氏名

　事業者の代表者は，この方針を文書（電子的方式，磁気的方式その他人の知覚によっては認識できない方式で作られる記録を含む。以下，同じ。）化し，従業者に周知させるとともに，一般の人が入手可能な措置を講じなければならない。

4.3 計画

4.3.1 個人情報の特定

　事業者は，自らの事業の用に供するすべての個人情報を特定するための手順を確立し，維持しなければならない。

4.3.2 法令，国が定める指針及びその他の規範

　事業者は，個人情報の取扱いに関する法令，国が定める指針及びその他の規範を特定し参照できる手順を確立し，維持しなければならない。

4.3.3 リスクなどの認識・分析及び対策

　事業者は，4.3.1によって特定した個人情報について，目的外利用を行わ

ないため，必要な対策を講じる手順を確立し，維持しなければならない。

事業者は，4.3.1によって特定した個人情報について，その取扱いの各局面におけるリスク（個人情報の漏えい，滅失又はき損，関連する法令及びその他の規範に対する違反，想定される経済的な不利益及び社会的な信用の失墜などのおそれなど）を認識し，分析し，必要な対策を講じる手順を確立し，維持しなければならない。

4.3.4 資源，役割，責任及び権限

事業者の代表者は，個人情報保護マネジメントシステムを確立し，実施し，維持し，改善するために不可欠な資源を用意しなければならない。

事業者の代表者は，個人情報保護マネジメントシステムを効果的に実施するために役割，責任及び権限を定め，文書化し，かつ，従業者に周知しなければならない。

事業者の代表者は，この規格の内容を理解し実践する能力のある管理者を事業者の内部から指名し，個人情報保護マネジメントシステムの実施及び運用に関する責任及び権限を他の責任にかかわりなく与え，業務を行わせなければならない。

管理者は，個人情報保護マネジメントシステムの見直し及び改善の基礎として，事業者の代表者に個人情報保護マネジメントシステムの実績を報告しなければならない。

4.3.5 内部規程

事業者は，次の事項を含む内部規程を文書化し，維持しなければならない。

a）事業者の各部門及び階層における個人情報を保護するための権限及び責任の規定。

b）個人情報を特定する手順に関する規定。

c）個人情報に関するリスクの認識・分析及び対策の手順に関する規定。

d）法令，国が定める指針及びその他の規範の特定，参照及び維持に関する規定。

　e）個人情報の取得，利用，提供の規定。

　f）個人情報の適正管理に関する規定。

　g）本人からの開示など（利用目的の通知，開示，内容の訂正，追加又は削除，利用の停止又は消去，第三者提供の停止）の求めに関する規定。

　h）苦情対応に関する規定。

　i）個人情報保護に関する教育の規定。

　j）個人情報保護に関する内部監査の規定。

　k）内部規程の違反に関する罰則の規定。

　l）個人情報保護マネジメントシステム文書の管理に関する規定。

　m）緊急事態への準備及び対応に関する規定。

　n）代表者による見直しに関する規定。

　事業者は，事業の内容に応じて，個人情報保護マネジメントシステムが確実に適用されるように内部規程を改定しなければならない。

4.3.6 計画書

　事業者は，個人情報保護マネジメントシステムを確実に実施するために必要な教育，監査などの計画を立案し，文書化し，かつ，維持しなければならない。

4.3.7 緊急事態への準備

　事業者は，緊急事態を特定するための手順，また，それらにどのように対応するかの手順を確立し，実施し，維持しなければならない。

　事業者は，個人情報が漏えい，滅失又はき損をした場合に想定される経済的な不利益及び社会的な信用の失墜などのおそれを考慮し，その影響を最小限とするための手順を確立し，維持しなければならない。

　また，個人情報の漏えい，滅失又はき損が発生した場合に備え，次の事項を含む対応手順を確立し，維持しなければならない。

　a）当該漏えい，滅失又はき損が発生した個人情報の内容を本人に速やかに通知し，又は本人が容易に知り得る状態に置くこと。

b）二次被害の防止，類似事案の発生回避などの観点から，可能な限り事実関係，発生原因及び対応策を，遅滞なく公表すること。

c）事実関係，発生原因及び対応策を関係機関に直ちに報告すること。

4.4 実施及び運用

4.4.1 運用管理

事業者は，個人情報保護マネジメントシステムが確実に実施されるように，運用の手順を明確にしなければならない。

4.4.2 取得・利用及び提供に関する原則

4.4.2.1 利用目的の特定

個人情報を取得するに当たっては，その利用目的をできる限り特定し，その目的の達成に必要な限度において行わなければならない。

4.4.2.2 適正な取得

個人情報の取得は，適法，かつ，公正な手段によって行わなければならない。

4.4.2.3 特定の機微な個人情報の取得の制限

次に示す内容を含む個人情報の取得，利用又は提供は，行ってはならない。ただし，これらの取得，利用又は提供について，明示的な本人の同意がある場合及び 4.4.2.6 のただし書き a）～d）のいずれかに該当する場合は，この限りでない。

a）思想，信条及び宗教に関する事項。

b）人種，民族，門地，本籍地，身体・精神障害，犯罪歴，その他社会的差別の原因となる事項。

c）勤労者の団結権，団体交渉及びその他団体行動の行為に関する事項。

d）集団示威行為への参加，請願権の行使，及びその他の政治的権利の行使に関する事項。

e）保健医療及び性生活。

4.4.2.4 本人から直接書面によって取得する場合の措置

本人から，書面（電子的方式，磁気的方式その他人の知覚によっては認識できない方式で作られる記録を含む。以下，同じ。）に記載された個人情報を直接に取得する場合には，少なくとも，次に示す事項又はそれと同等以上の内容の事項を，あらかじめ，書面によって明示し，本人の同意を得なければならない。ただし，人の生命，身体又は財産の保護のために緊急に必要がある場合及び 4.4.2.5のただし書き a)~d)のいずれかに該当する場合は明示及び同意を必要とせず，4.4.2.6のただし書きa)~d) のいずれかに該当する場合は同意を必要としない。

　　a）事業者の氏名又は名称

　　b）管理者（若しくはその代理人）の氏名又は職名，所属及び連絡先。

　　c）利用目的。

　　d）個人情報を第三者に提供することが予定される場合の事項。

　　—第三者に提供する目的—提供する個人情報の項目

　　—提供の手段又は方法

　　—当該情報の提供を受ける者又は提供を受ける者の組織の種類，属性

　　—個人情報の取扱いに関する契約がある場合はその旨

　　e）個人情報の取扱いの委託を行うことが予定される場合には，その旨。

　　f）4.4.4.5~4.4.4.7に該当する場合には，その求めに応じる旨及び問合せ窓口。

　　g）本人が個人情報を与えることの任意性及び当該情報を与えなかった場合に本人に生じる結果。

　　h）本人が容易に認識できない方法によって個人情報を取得する場合には，その旨。

4.4.2.5 個人情報を 4.4.2.4以外の方法によって取得した場合の措置

個人情報を 4.4.2.4以外の方法によって取得した場合は，あらかじめその利用目的を公表している場合を除き，速やかにその利用目的を，本人に通知し，又は公表しなければならない。ただし，次に示すいずれかに該当する場合は，通知又は公表を必要としない。

　　a）利用目的を本人に通知し，又は公表することによって本人又は第

三者の生命，身体，財産その他の権利利益を害するおそれがある場合。

　　b）利用目的を本人に通知し，又は公表することによって当該事業者の権利又は正当な利益を害するおそれがある場合。

　　c）国の機関又は地方公共団体が法令の定める事務を遂行することに対して協力する必要がある場合であって，利用目的を本人に通知し，又は公表することによって当該事務の遂行に支障を及ぼすおそれがあるとき。

　　d）取得の状況からみて利用目的が明らかであると認められる場合。

4.4.2.6 利用に関する措置

　　個人情報の利用は，特定した利用目的の達成に必要な範囲内で行わなければならない。特定した利用目的の達成に必要な範囲を超えて個人情報を利用する場合は，あらかじめ，少なくとも，4.4.2.4の a)～f) に示す事項又はそれと同等以上の内容の事項を書面によって本人に通知し，本人の同意を得なければならない。ただし，次に示すいずれかに該当する場合は，本人の同意を必要としない。

　　a）法令に基づく場合。

　　b）人の生命，身体又は財産の保護のために必要がある場合であって，本人の同意を得ることが困難であるとき。

　　c）公衆衛生の向上又は児童の健全な育成の推進のために特に必要がある場合であって，本人の同意を得ることが困難であるとき。

　　d）国の機関若しくは地方公共団体又はその委託を受けた者が法令の定める事務を遂行することに対して協力する必要がある場合であって，本人の同意を得ることによって当該事務の遂行に支障を及ぼすおそれがあるとき。

4.4.2.7 本人にアクセスする場合の措置

　　個人情報を利用して本人にアクセスする場合には，本人に対して，4.4.2.4の a)～f) に示す事項又はそれと同等以上の内容の事項，及び取得方法を通知し，本人の同意を得なければならない。ただし，次に示すいずれかに該当する場合は，この限りではない。

　a）個人情報の取得時に，既に 4.4.2.4の a)~f) に示す事項又はそれと同等以上の内容の事項を明示又は通知し，本人の同意を得ているとき。

　b）個人情報の取扱いの全部又は一部を委託された場合であって，当該個人情報を，その利用目的の達成に必要な範囲内で取り扱うとき。

　c）合併その他の事由による事業の承継に伴って個人情報が提供された場合であって，承継前の利用目的の範囲内で当該個人情報を取り扱うとき。

　d）個人情報を特定の者との間で共同して利用する場合であって，次に示す事項又はそれと同等以上の内容を，あらかじめ，本人に通知しているとき。

　　—共同して利用すること
　　—共同して利用される個人情報の項目
　　—共同して利用する者の範囲
　　—利用する者の利用目的
　　—当該個人情報の管理について責任を有する者の氏名又は名称
　　—取得方法

　e）4.4.2.5のただし書き d) に該当するため，利用目的などを明示，通知又は公表することなく取得した個人情報を利用して，本人にアクセスするとき。

　f）4.4.2.6のただし書き a)~d) のいずれかに該当する場合

4.4.2.8 提供に関する措置

　個人情報を第三者に提供する場合には，あらかじめ本人に対して、取得方法並びに 4.4.2.4の a) ~d) の事項又はそれと同等以上の内容の事項を通知し，本人の同意を得なければならない。ただし，次に示すいずれかに該当する場合は，この限りではない。

　a）4.4.2.4又は 4.4.2.7の規定によって，既に 4.4.2.4の a) ~d) の事項又はそれと同等以上の内容の事項を本人に明示又は通知し，本人の同意を得ているとき。

　b）大量の個人情報を広く一般に提供するため，本人の同意を得ることが困難な場合であって，次に示す事項又はそれと同等以上の内容の事項を，あらかじめ，本人に通知し，又はそれに代わる同等の措置を講じているとき。

　　—第三者への提供を利用目的とすること

　　—第三者に提供される個人情報の項目

　　—第三者への提供の手段又は方法

　　—本人の求めに応じて当該本人が識別される個人情報の第三者への提供を停止すること

　　—取得方法

　　c）法人その他の団体に関する情報に含まれる当該法人その他の団体の役員及び株主に関する情報であって，かつ，法令に基づき又は本人若しくは当該法人その他の団体自らによって公開又は公表された情報を提供する場合であって，b) で示す事項又はそれと同等以上の内容の事項を，あらかじめ，本人に通知し，又は本人が容易に知り得る状態に置いているとき。

　　d）特定された利用目的の達成に必要な範囲内において，個人情報の取扱いの全部又は一部を委託するとき。

　　e）合併その他の事由による事業の承継に伴って個人情報が提供された場合であって，承継前の利用目的の範囲内で当該個人情報を取り扱うとき。

　　f）個人情報を特定の者との間で共同して利用する場合であって，次に示す事項又はそれと同等以上の内容を，あらかじめ，本人に通知しているとき。

　　—共同して利用すること

　　—共同して利用される個人情報の項目

　　—共同して利用する者の範囲

　　—利用する者の利用目的

　　—当該個人情報の管理について責任を有する者の氏名又は名称

　　—取得方法

g）4.4.2.6のただし書き a)～d）のいずれかに該当する場合

4.4.3 適正管理

4.4.3.1 正確性の確保

事業者は，利用目的の達成に必要な範囲内において，個人情報を，正確，かつ，最新の状態で管理しなければならない。

4.4.3.2 安全管理措置

事業者は，その取り扱う個人情報のリスクに応じて，漏えい，滅失又はき損の防止その他の個人情報の安全管理のために必要，かつ，適切な措置を講じなければならない。

4.4.3.3 従業者の監督

事業者は，その従業者に個人情報を取り扱わせるに当たっては，当該個人情報の安全管理が図られるよう，当該従業者に対し必要，かつ，適切な監督を行わなければならない。

4.4.3.4 委託先の監督

事業者は，個人情報の取扱いの全部又は一部を委託する場合は，十分な個人情報の保護水準を満たしている者を選定しなければならない。このため，事業者は，委託を受ける者を選定する基準を確立しなければならない。

事業者は，個人情報の取扱いの全部又は一部を委託する場合は，委託する個人情報の安全管理が図られるよう，委託を受けた者に対する必要，かつ，適切な監督を行わなければならない。

事業者は，次に示す事項を契約によって規定し，十分な個人情報の保護水準を担保しなければならない。

a）委託者及び受託者の責任の明確化

b）個人情報の安全管理に関する事項

c）再委託に関する事項

d）個人情報の取扱状況に関する委託者への報告の内容及び頻度

e）契約内容が遵守されていることを委託者が確認できる事項

f）契約内容が遵守されなかった場合の措置

g）事件・事故が発生した場合の報告・連絡に関する事項

　事業者は，当該契約書などの書面を個人情報の保有期間にわたって保存しなければならない。

4.4.4 個人情報に関する本人の権利

4.4.4.1 個人情報に関する権利

　事業者は，電子計算機を用いて検索することができるように体系的に構成した情報の集合物又は一定の規則に従って整理，分類し，目次，索引，符合などを付すことによって特定の個人情報を容易に検索できるように体系的に構成した情報の集合物を構成する個人情報であって，事業者が，本人から求められる開示，内容の訂正，追加又は削除，利用の停止，消去及び第三者への提供の停止の求めのすべてに応じることができる権限を有するもの（以下，4.4.4において“開示対象個人情報”という。）に関して，本人から利用目的の通知，開示，内容の訂正，追加又は削除，利用の停止，消去及び第三者への提供の停止（以下，“開示など”という。）を求められた場合は，4.4.4.4～4.4.4.7の規定によって，遅滞なくこれに応じなければならない。

　ただし，次のいずれかに該当する場合は，開示対象個人情報ではない。

　a）当該個人情報の存否が明らかになることによって，本人又は第三者の生命，身体又は財産に危害が及ぶおそれのあるもの

　b）当該個人情報の存否が明らかになることによって，違法又は不当な行為を助長し，又は誘発するおそれのあるもの

　c）当該個人情報の存否が明らかになることによって，国の安全が害されるおそれ，他国若しくは国際機関との信頼関係が損なわれるおそれ又は他国若しくは国際機関との交渉上不利益を被るおそれのあるもの

　d）当該個人情報の存否が明らかになることによって，犯罪の予防，鎮圧又は捜査その他の公共の安全と秩序維持に支障が及ぶおそれのあるもの

4.4.4.2 開示などの求めに応じる手続

　事業者は，開示などの求めに応じる手続として次の事項を定めなければならない。

　a）開示などの求めの申し出先

　b）開示などの求めに際して提出すべき書面の様式その他の開示などの求めの方式

　c）開示などの求めをする者が，本人又は代理人であることの確認の方法

　d）4.4.4.4又は4.4.4.5による場合の手数料（定めた場合に限る。）の徴収方法

　事業者は，本人からの開示などの求めに応じる手続を定めるに当たっては，本人に過重な負担を課するものとならないよう配慮しなければならない。

　事業者は，4.4.4.4又は4.4.4.5によって本人からの求めに応じる場合に，手数料を徴収するときは，実費を勘案して合理的であると認められる範囲内において，その額を定めなければならない。

4.4.4.3 開示対象個人情報に関する周知など

　事業者は，取得した個人情報が開示対象個人情報に該当する場合は，当該開示対象個人情報に関し，次の事項を本人が知り得る状態（本人の求めに応じて遅滞なく回答する場合を含む。）に置かなければならない。

　a）事業者の氏名又は名称

　b）管理者（若しくはその代理人）の氏名又は職名，所属及び連絡先

　c）すべての開示対象個人情報の利用目的[4.4.2.5の a) ~ c) までに該当する場合を除く。]

　d）開示対象個人情報の取扱いに関する苦情の申し出先

　e）当該事業者が個人情報の保護に関する法律（平成 15年法律第 57号）第 37条第 1項の認定を受けた者（以下，"認定個人情報保護団体"という。）の対象事業者である場合にあっては，当該認定個人情報保護団体の名称及び苦情の解決の申し出先

　f）4.4.4.2 によって定めた手続

4.4.4.4 開示対象個人情報の利用目的の通知

事業者は，本人から，当該本人が識別される開示対象個人情報について，利用目的の通知を求められた場合には，遅滞なくこれに応じなければならない。ただし，4.4.2.5のただし書き a)~c) のいずれかに該当する場合は利用目的の通知を必要としないが，そのときは，本人に遅滞なくその旨を通知するとともに，理由を説明しなければならない。

4.4.4.5 開示対象個人情報の開示

事業者は，本人から，当該本人が識別される開示対象個人情報の開示（当該本人が識別される開示対象個人情報が存在しないときにその旨を知らせることを含む。）を求められたときは，本人に対し，遅滞なく，当該開示対象個人情報を書面（開示の求めを行った者が同意した方法があるときは，当該方法）によって開示しなければならない。ただし，開示することによって次の a)~c) のいずれかに該当する場合は，その全部又は一部を開示する必要はないが，そのときは，本人に遅滞なくその旨を通知するとともに，理由を説明しなければならない。

a）本人又は第三者の生命，身体，財産その他の権利利益を害するおそれがある場合

b）当該事業者の業務の適正な実施に著しい支障を及ぼすおそれがある場合

c）法令に違反することとなる場合

4.4.4.6 開示対象個人情報の訂正，追加又は削除

事業者は，4.4.4.5による開示の結果，事実でないという理由によって当該開示対象個人情報の訂正，追加又は削除（以下，この項において“訂正など”という。）を求められた場合は，利用目的の達成に必要な範囲内において，遅滞なく必要な調査を行い，その結果に基づいて，当該開示対象個人情報の訂正などを行うとともに，訂正などを行った後に，本人に対し，遅滞なく，その旨（訂正などの内容を含む。）を通知しなければならない。

4.4.4.7 開示対象個人情報の利用又は提供の拒否権

事業者が，本人から当該本人が識別される開示対象個人情報の利用の停止，消去又は第三者への提供の停止（以下，この項において"利用停止など"という。）を求められた場合は，これに応じなければならない。また，措置を講じた後は，遅滞なくその旨を本人に通知しなければならない。ただし，4.4.4.5のただし書きa）～c）のいずれかに該当する場合は，利用停止などを行う必要はないが，そのときは，本人に遅滞なくその旨を通知するとともに，理由を説明しなければならない。

4.4.5 教育

事業者は，従業者に，定期的に適切な教育を行わなければならない。事業者は，関連する各部門及び階層において，その従業者に，次の事項を理解させる手順を確立し，維持しなければならない。

a）個人情報保護マネジメントシステムに適合することの重要性及び利点。

b）個人情報保護マネジメントシステムに適合するための役割及び責任。

c）個人情報保護マネジメントシステムに違反した際に予想される結果。

事業者は，教育の計画及び実施，結果の報告及びそのレビュー，計画の見直し並びにこれらに伴う記録の保持に関する責任と権限を定める手順を確立し，実施し，維持しなければならない。

4.5 個人情報保護マネジメントシステム文書

4.5.1 文書の範囲

事業者は，次の個人情報保護マネジメントシステムの基本となる要素を書面で記述しなければならない。

a）個人情報保護方針

b）内部規定

c）計画書

d）この規格が要求する記録及び事業者が個人情報保護マネジメントシステムを実施する上で必要と判断した記録。

4.5.2 文書管理

事業者は，この規格が要求するすべての文書（記録を除く。）を管理する手順を確立し，実施し，維持しなければならない。

文書管理の手順には，次の事項が含まれなければならない。

a）文書の発行及び改訂に関すること。

b）文書の改訂の内容と版数との関連付けを明確にすること。

c）必要な文書が必要なときに容易に参照できること。

4.5.3 記録の管理

事業者は，個人情報保護マネジメントシステム及びこの規格の要求事項への適合を実証するために必要な記録を作成し，維持しなければならない。

事業者は，記録の取扱いについての手順を確立し，実施し，維持しなければならない。

4.6 苦情及び相談

事業者は，個人情報の取扱い及び個人情報保護マネジメントシステムに関して，本人からの苦情及び相談を受け付けて，適切，かつ，迅速な対応をしなければならない。

事業者は，上記の目的を達成するために必要な体制の整備を行わなければならない。

4.7 点検

4.7.1 運用の確認

事業者は，個人情報保護マネジメントシステムが適切に運用されていることを事業者の各部門及び階層において定期的に確認しなければならない。

4.7.2 内部監査

事業者は，自ら定めた個人情報保護マネジメントシステムのこの規格への適合状況及び個人情報保護マネジメントシステムの運用状況を定期的に監査しなければならない。

　　監査責任者は，監査を指揮し，監査報告書を作成し，事業者の代表者に報告しなければならない。監査員の選定及び監査の実施においては，監査の客観性及び公平性を確保しなければならない。

　　事業者は，監査の計画及び実施，結果の報告並びにこれに伴う記録の保持に関する責任と権限を定める手順を確立し，実施し，維持しなければならない。

4.8 是正処置及び予防処置

　　事業者は，不適合に対する是正処置及び予防処置を確実に実施するための責任と権限を定める手順を確立し，実施し，維持しなければならない。その手順には，次の事項を含めなければならない。

　　a）不適合の内容を確認する。

　　b）不適合の原因を特定し，是正処置及び予防処置を立案する。

　　c）期限を定め，立案された適切な処置を実施する。

　　d）実施された是正処置及び予防処置の結果を記録する。

　　e）実施された是正処置及び予防処置の有効性をレビューする。

4.9 事業者の代表者による見直し

　　事業者の代表者は，個人情報の適切な保護を維持するために，定期的に個人情報保護マネジメントシステムを見直さなければならない。

　　事業者の代表者による見直しにおいては，次の事項が考慮されなければならない。

　　a）内部監査及び個人情報保護マネジメントシステムの運用状況に関する報告。

　　b）苦情を含む外部からの意見。

　　c）前回までの見直しの結果に対するフォローアップ。

　　d）個人情報の取扱いに関する法令，国の定める指針及びその他の規範の改正状況。

　　e）社会情勢の変化，一般の認識の変化，技術の進歩などの諸環境の変化。

　　f）改善のための提案。

附录C 英国个人信息保护标准

BRITISH STANDARD

BS 10012:2009

Data protection –

Specification for a

personal information

management system

Data protection – Specification for a personal information management system

Publishing and copyright information

The BSI copyright notice displayed in this document indicates when the document was last issued.

cBSI 2009

ISBN 978 0 580 61550 4

ICS 01.140.30; 03.100.99; 35.020

The following BSI references relate to the work on this standard:

Committee reference IDT/1

Draft for comment 09/30175848 DC

Publication history

First published May 2009

Amendments issued since publication

Date	Text affected

Summary of pages

This document comprises a front cover, an inside front cover, pages i to ii, pages 1 to 24, an inside back cover and a back cover.

Foreword

Publishing information

This British Standard is published by BSI and came into effect on 31 May 2009. It was prepared by Panel IDT/1/-/4, *Data protection*, under the authority of Technical Committee IDT/1, *Document management applications*. A list of organizations represented on this committee can be obtained on request to its secretary.

Information about this document

This British Standard has been produced to:

• form the basis of internal policies on data protection legislation and good practice compliance;

• facilitate the identification and drafting of internal procedures and processes;

•enable an organization to demonstrate compliance with data protection legislation and good practice to its clients;

• facilitate assessment of compliance with data protection legislation and good practice;

• provide a standardized benchmark for audits and process reviews.

Presentational conventions

The provisions of this standard are presented in roman (i.e. upright) type. Requirements are expressed in sentences in which the principal auxiliary verb is "shall".

Where optional recommendations are included, they are expressed in sentences in which the principal auxiliary verb is "should".

Commentary, explanation and general informative material is presented in smaller italic type, and does not constitute a normative element.

Contractual and legal considerations

This publication does not purport to include all the necessary provisions of a contract. Users are responsible for its correct application.

Compliance with a British Standard cannot confer immunity from legal obligations.

0 Introduction

0.1 Personal information management system

The objective of this British Standard is to enable organizations to put in place, as part of the overall information governance infrastructure, a personal information management system (PIMS) which provides a framework for maintaining and improving compliance with data protection legislation and good practice.

The key piece of legislation in this area is The Data Protection Act 1998 (DPA) [1]. This implements a European Directive (95/46/EC) [2] and applies to "personal data" which is defined in the DPA as information relating to identifiable living individuals. This British Standard uses the

term "personal information" in place of the term "personal data".

The DPA is regulated and enforced by the Information Commissioner, who is responsible for promoting the protection of personal information. The Information Commissioner promotes good practice by the issue of guidance, rules on eligible complaints, provides information to individuals and organizations and takes appropriate action when the law is broken. The Information Commissioner has powers to investigate complaints, make assessments as to whether processing is compliant with the DPA, and issue information and enforcement notices.

0.2 Data protection principles

The DPA requires "data controllers" to comply with eight data protection principles, summarized as follows,[1] which require personal information to be:

1st principle – fairly and lawfully processed;

2nd principle – obtained only for specified purposes and not further processed in a manner incompatible with those purposes;

3rd principle – adequate, relevant and not excessive;

4th principle – accurate and up-to-date;

5th principle – not kept for longer than is necessary;

6th principle – processed in line with the rights afforded to individuals under the legislation, including the right of subject access;

7th principle – kept secure;

8th principle – not transferred to countries outside the European Economic Area (EEA)[2] without adequate protection.

A number of exemptions from these data protection principles are permitted by the DPA. The majority of these exemptions fall into the following categories:

• exemptions from the non-disclosure principles;

• exemptions from the subject information provisions;

• exemptions relating to processing for historical and/or research purposes;

• miscellaneous exemptions, e.g. confidential references and exam scripts.

Reference should be made to the DPA, to guidance from the Information Commissioner and to other guidance and sector-specific advice for further details.

0.3 Notification

The DPA also requires organizations to notify the Information Commissioner of their processing to ensure openness, unless an exemption to notification is applicable.

---

1 The European Economic Area (at the time of publication of this British Standard) consists of the Member States of the European Union plus Norway, Iceland and Liechtenstein.
2 The European Economic Area (at the time of publication of this British Standard) consists of the Member States of the European Union plus Norway, Iceland and Liechtenstein.

1 Scope

This British Standard specifies requirements for a personal information management system (PIMS), which provides a framework for maintaining and improving compliance with data protection legislation and good practice.

NOTE The Standard applies the "Plan-Do-Check-Act" (PDCA) cycle. See Annex A.

This British Standard is for use by organizations of any size and sector. It is intended to be used by those responsible for initiating, implementing and maintaining a PIMS within an organization. It is intended to provide a common ground for the management of personal information, for providing confidence in its management, and for enabling an effective assessment of compliance with data protection legislation and good practice by both internal and external assessors.

2 Terms, definitions and abbreviations

2.1 Terms and definitions

For the purposes of this British Standard the following terms and definitions apply.

2.1.1 audit

systematic examination to determine whether activities and related results conform to planned arrangements and whether these arrangements are implemented effectively and are suitable for achieving the organization's policy and objectives [BS EN ISO 9000:2005]

NOTE An audit may be conducted internally by, or on behalf of, the organization itself for management review and other internal purposes.

2.1.2 individual
person who is the subject of personal information

2.1.3 management system
system to establish policy and objectives and to achieve those objectives [BS EN ISO 9000:2005]

2.1.4 nonconformity
non-fulfilment of a requirement [BS EN ISO 9000:2005, **3.6.3**; BS EN ISO 14001:2004, **3.15**]

2.1.5 organization
legal entity that processes information

EXAMPLES

Natural persons, sole traders, companies, partnerships, bodies corporate, public sector bodies, voluntary associations and charities.

2.1.6 personal information
personal data relating to an identifiable living individual

NOTE The definition of "personal data" can be found in the DPA, section 1 (1), along with qualifiers related to the identification of the individual. The DPA definition was modified by the Freedom of Information Act 2000 [3], section 68(1). Sensitive personal data, a sub-category of personal data, is also defined in section 2 of the DPA;

*this definition forms the basis for the definition of "sensitive personal information" in **2.1.12**. The Information Commissioner's Office (the ICO) has issued guidance entitled "Determining what information is 'data' for the purposes of the DPA [4]" and "Determining what is personal data" [5] which is available from www.ico.gov.uk*

2.1.7 personal information management policy

statement of overall intentions and direction of the organization as formally approved by senior management for maintaining and improving compliance with data protection legislation and good practice

NOTE Hereafter referred to as "policy".

2.1.8 personal information management system (PIMS)

part of the overall management framework that establishes, implements, operates, monitors, reviews, maintains and improves the management of personal information

2.1.9 procedure

documented set of actions which is the official or accepted way of doing something

2.1.10 process

series of actions taken in order to achieve a result

2.1.11 processing

obtaining, recording or holding personal information or carrying out any operation or set of operations on personal information

NOTE This includes collecting, organizing, adapting, altering, disclosing, sharing, disseminating, aligning, combining, blocking, erasing and destroying personal information.

2.1.12 sensitive personal information

personal information relating to the individual's:

a) racial or ethnic origin;

b) political opinions;

c) religious or other beliefs;

d) membership of a trade union;

e) physical or mental health or condition;

f) sexual life;

g) commission or alleged commission of any offence, including any proceedings, the disposal of such proceedings or the sentence of any court in such proceedings for any offence committed or

alleged to have been committed by the individual

2.1.13 system

set of interrelated or interacting elements

[BS EN ISO 9000:2005]

2.1.14 workers

people working under the control of the organization

NOTE This includes employees, temporary staff, contractors, volunteers and consultants.

2.2 Abbreviations

BCR   binding corporate rule

DPA   Data Protection Act 1998 [1]

EEA   European Economic Area

FSA   Financial Services Authority

ICO   Information Commissioner's Office

PDCA Plan-Do-Check-Act

PIMS   personal information management system

3 Planning for a personal information management system (PIMS)

Objective: To plan for the implementation of a personal information management system that will provide direction and support for compliance with data protection legislation and good practice.

3.1 Establishing and managing the PIMS

The organization shall develop, implement, maintain and continually improve a documented PIMS in accordance with **3.2** to **3.7**.

3.2 Scope and objectives of the PIMS

The organization shall define the scope of the PIMS and set personal information management objectives, with due regard to the:

a) requirements for the management of personal information;

b) organizational objectives and obligations;

c) organization's acceptable level of risk;

d) applicable statutory, regulatory, contractual and/or professional duties; and

e) interests of individuals and other key stakeholders.

3.3 Personal information management policy

The organization shall ensure that a senior management team is tasked with issuing and maintaining a policy which sets a clear framework and demonstrates support for, and commitment to, managing compliance with data protection legislation and good practice.

NOTE Senior management might consist of the Board of Trustees/Directors, the Chief Executive and senior workers, the partners of the organization or the owner of a sole trader company.

The policy shall state that it covers either:

a) the whole organization; or

b) an identified part of the organization.

The policy shall be communicated to all workers.

3.4 Policy content

The policy shall state the organization's commitment to compliance with data protection legislation and good practice, including:

a) processing personal information only where this is strictly necessary for legitimate organizational purposes;

b) collecting only the minimum personal information required for these purposes and not processing excessive personal information;

c) providing clear information to individuals about how their personal information will be used and by whom;

d) only processing relevant and adequate personal information;

e) processing personal information fairly and lawfully (see **4.7**);

f) maintaining an inventory of the categories of personal information processed by the organization (see **4.2**);

g) keeping personal information accurate and, where necessary, up-to-date;

h) retaining personal information only for as long as is necessary for legal or regulatory reasons or for legitimate organizational purposes;

i) respecting individuals' rights in relation to their personal information, including their right of subject access;

j) keeping all personal information secure;

k) only transferring personal information outside the EEA in circumstances where it can be adequately protected;

l) the application of the various exemptions allowable by data protection legislation;

m) developing and implementing a PIMS to enable the policy to be implemented;

n) where appropriate, identifying internal and external stakeholders and the degree to which these stakeholders are involved in the governance of the organization's PIMS; and

o) the identification of workers with specific responsibility and accountability (see **3.5**) for the PIMS.

3.5 Responsibility and accountability

A member of the senior management team shall be accountable for the management of personal information within the organization such that compliance with data protection legislation and good practice can be demonstrated (see also **4.1.1**). This accountability shall include:

a) approval of the policy by the senior management team;

b) development and implementation of the PIMS as required by the policy; and

c) security and risk management in relation to compliance with the policy (see also **4.13.1**).

One or more suitably qualified or experienced workers shall be appointed to take responsibility for the organization's compliance with the policy on a day-to-day basis (see also **4.1.2**).[1]

All workers shall be required to comply with the policy by the implementation of the organization's processes and procedures, with sanctions, appropriate worker development, or procedures put in place to respond to any nonconformities.

3.6 Provision of resources

The organization shall determine and provide the resources needed to establish, implement, operate and maintain the PIMS.

3.7 Embedding the PIMS in the organization's culture

To ensure that the management of personal information becomes a part of the organization's core values and effective management, the organization shall:

a) raise, enhance and maintain awareness of the PIMS through an ongoing education and awareness programme for all workers;

b) establish a process for evaluating the effectiveness of the PIMS awareness delivery;

---

1 The senior manager accountable (see **4.1.1**) and the worker(s) responsible for day-to-day compliance (see **4.1.2**) could be the same person.

c) communicate to all workers the importance of:

1) meeting PIMS objectives;

2) complying with the policy;

3) continual improvement of the policy; and

d) ensure that all workers are aware of how they contribute to the achievement of the organization's PIMS objectives and the consequences of nonconformity.

4 Implementing and operating the PIMS

4.1 Key appointments

Objective: To ensure that the organization appoints the appropriate accountable and responsible workers as specified in the organization's policy.

4.1.1 Senior management

A member of the senior management team shall be designated as accountable for the management of personal information within the organization such that compliance with data protection legislation and good practice can be demonstrated.

4.1.2 Day-to-day responsibility for compliance with the policy

One or more suitably qualified or experienced workers shall be designated as responsible for compliance with the policy on a day-to-day basis. This responsibility can be designated on either a full-time or a part-time basis depending on the size of the organization and the nature of the processing of personal information.

The appointed worker(s) shall have the following responsibilities:

a) overall responsibility for compliance with the policy;

b) development and review of the policy;

c) ensuring implementation of the policy;

d) management reviews of the policy (see **5.2**);

e) training and ongoing awareness as required by the policy (see **4.3**);

f) approval of procedures where personal information is processed, such as:

1) the management and communication of privacy notices (see **4.7.1**);

2) the handling of requests from individuals (see **4.12.1**);

3) the collection and handling of personal information (see **4.7.1**);

4) complaints handling (see **4.12.2**);

5) the management of security incidents (see **4.13.6**); and

6) outsourcing and off-shoring (see **4.14**).

g) liaison with those responsible for risk management and security issues within the organization (see **4.13**);

h) provision of expert advice and guidance on DPA matters;

i) the interpretation and application of the various exemptions applicable to the processing of personal information (see **Introduction** and **4.8.1**);

j) provision of advice in relation to data sharing projects (including security issues when data are off site) (see **4.8.3**);

k) ensuring the organization has access to legislative updates and appropriate guidance related to data protection legislation (see **4.5**);

l) continuously checking that the PIMS reflects changes in legislation, practice and technology (see **4.5**);

m) completing, submitting and managing notifications to the Information Commissioner where required under the DPA (see **4.6**); and

n) implementing, as appropriate, the practices related to the processing of personal information outlined in any mandatory or advisory sectoral codes which apply to the organization.

4.1.3 Data protection representatives

Where the organization comprises multiple departments or systems which process personal information, the organization shall determine whether it would be appropriate to establish a network of data protection representatives which:

a) represent departments or systems which are recognized as high-risk in relation to the management of personal information (see **4.2.2** for examples of personal information in high-risk categories); and

b) assist the worker(s) with day-to-day responsibility for compliance with the policy.

4.2 Identifying and recording uses of personal information

Objective: To ensure that the organization understands the categories of the personal information that it processes and the level of risk related to the processing of that information.

4.2.1 General

An inventory of the categories of personal information processed by the organization shall be maintained. This inventory shall also document the purposes for which each category of personal information is used.

NOTE *The inventory should support accurate notification of processing to the Information Commissioner's Office.*

The organization shall document where the personal information flows throughout the organization's processes.

4.2.2 High-risk personal information

The inventory (see **4.2.1**) shall allow for the explicit identification and documentation of the high-risk categories of personal information processed by the organization.

High-risk categories of personal information can include:

a) sensitive personal information (as defined in Section 2 of the DPA);

b) personal bank account and other financial information;

c) national identifiers, such as national insurance numbers;

d) personal information relating to vulnerable adults and children;

e) detailed profiles of individuals;

f) sensitive negotiations which could adversely affect individuals.

NOTE *The level of risk can increase where high volumes of personal information are processed.*

4.3 Training and awareness

Objective: To ensure that all workers are aware of their responsibilities when processing personal information.

The organization shall ensure that the worker(s) with day-to-day responsibility for enabling the demonstration of compliance with data protection legislation and good practice (see **4.1.2**) is able to demonstrate competence in their understanding of data protection legislation and good practice and how this should be implemented within the organization. The organization shall also ensure that this worker(s) remains informed about issues related to the management of personal information, where appropriate, by contact with external bodies.

The organization shall be able to demonstrate that all workers understand their responsibility to ensure that personal information is protected and processed in accordance with the applicable procedures, taking into account the related security requirements.

All workers shall be given training to enable them to process personal information in accordance with the applicable procedures. This training shall be relevant to the role which each worker performs within the organization.

4.4 Risk assessment

Objective: To ensure that the organization is aware of any risks associated with the processing of particular types of personal information.

The organization shall implement a process for assessing the level of risk to individuals associated with the processing of their personal information. Such assessments shall include processing undertaken by other organizations. The organization shall manage any risks which are identified by the risk assessment in order to reduce the likelihood of a nonconformity with the policy.

The risk assessment process shall include procedures whereby any processing of personal information that could cause damage and/or distress to the individuals can be escalated for review to those responsible and accountable (see **3.5**) for the management of personal information.

NOTE The organization's own risk assessment methodology may be used. Additionally, guidance on privacy impact assessments has been issued by the ICO (http://www.ico.gov.uk/tools_and_resources/document_ library/data_ protection.aspx).

4.5 Keeping PIMS up-to-date

Objective: To assess whether the PIMS continues to provide an infrastructure for maintaining and improving compliance with data protection legislation and good practice.

The worker(s) with day-to-day responsibility for compliance with the policy (see **4.1.2**) shall continuously assess whether the PIMS is and will continue to enable demonstration of compliance with the data protection legislation and good practice; making changes where necessary.

This assessment shall include the review of the PIMS where changes in the organization's requirements and/or technology occur.

4.6 Notification

Objective: To ensure that the organization notifies details of its processing of personal information to the Information Commissioner as required by the DPA.

The PIMS shall incorporate procedures to trigger the notification procedure (unless the organization is exempt from the requirement to notify under the DPA) and to ensure that such notifications are kept accurate and up-to-date.

4.7 Fair and lawful processing

Objective: To ensure that personal information is processed fairly and lawfully and that the legal grounds for processing of personal information have been clearly identified before processing commences.

4.7.1 Collection and processing of personal information

The PIMS shall incorporate procedures which ensure that:

a) the organization processes personal information fairly and lawfully;

b) the organization processes personal information only where this is justified, in accordance with Schedule 2 of the DPA;

c) the organization processes sensitive personal information only where this is necessary for the organization's purposes and is justified in accordance with Schedules 2 and 3 of the DPA;

d) any individual supplying personal information to the organization is provided with a "privacy notice" or online privacy statement, either presented in full or as an extract along with a link or reference to the full notice, which clearly communicates the following information:

1) the identity of the organization;

2) the purposes for which personal information will be processed;

3) information about the disclosure of personal information to third parties;

4) information about an individual's right of access to personal information;

5) whether personal information is transferred outside the EEA to countries without adequate protection;

6) details of how to contact the organization with queries related to the processing of personal information;

7) details of any technologies, such as cookies, used on a website to collect personal information about the individuals;

8) any other information that would make the processing fair.

Where the personal information is collected for marketing purposes or might be used in the future for marketing purposes, the PIMS shall incorporate procedures that ensure that the means by which an individual can object to such marketing is clearly explained to that individual.

The PIMS shall incorporate procedures that indicate, where processing has been based upon consent and the consent is withdrawn, that consent has been withdrawn and that processing based on that consent will cease.

Where other sectoral requirements or legislation require explicit consent for marketing, the PIMS shall contain procedures for collecting this consent.

Where sensitive personal information is being collected for a particular purpose(s), the PIMS shall incorporate procedures which ensure that the privacy notice explicitly states the purpose(s) for which sensitive personal information is or might be used.

The PIMS shall incorporate procedures which ensure that new collection methods are reviewed and signed off by an appropriately qualified or experienced worker (see **4.1.2**) to ensure that such methods can be demonstrated as compliant with data protection legislation and good practice.

4.7.2 Record of privacy notices and statements

The PIMS shall incorporate procedures for maintaining records of privacy notices and online privacy statements. These records shall be retained for at least as long as the personal information to which they relate is retained.

4.7.3 Timing of privacy notices and statements

The PIMS shall incorporate procedures which ensure that, where the organization collects personal information directly from an individual, any privacy notice or online privacy statement required to be given to the individual is provided or made available to the individual prior to any personal information being collected.

4.7.4 Accessibility of privacy notices and statements

The PIMS shall incorporate procedures which ensure that the content of any privacy notice or online privacy statement is presented in a way which allows it to be easily understood by, and accessible to, its intended audience.

NOTE Privacy notices intended to be used with the collection of personal information from vulnerable adults, people with learning difficulties or children need to be presented in a language and format which are readily understandable and are accessible to them.

4.7.5 Third parties

The PIMS shall incorporate procedures which ensure that personal information is collected from third parties fairly and lawfully.

The PIMS shall incorporate procedures which ensure that, where necessary, the individual is provided with a privacy notice and, where appropriate, an online privacy statement (see **4.7.1**), unless doing so would involve disproportionate effort.

NOTE "Disproportionate effort" in this context does not merely mean "considerable effort", as the organization could be required to go to considerable lengths to provide privacy notices and, where necessary, online privacy statements where the processing is likely to have a prejudicial effect on the individual.

4.8 Processing personal information for specified purposes

Objective: To ensure that personal information is obtained only for one or more specified purposes, and is not further processed in any manner incompatible with that purpose or those purposes.

4.8.1 Grounds for processing

The PIMS shall incorporate procedures which ensure that processing of personal information is not carried out in a way which breaches or potentially breaches any legal obligations, including statutory provisions, common law or contractual terms.

The PIMS shall incorporate procedures which ensure that personal information collected for specified purposes is not used for another incompatible purpose, unless:

a) a relevant exemption from the legislation applies; or

b) the individuals whose personal information is to be processed for the new purpose have consented to the processing for this new purpose.

The PIMS shall incorporate procedures which ensure that, where sensitive personal information is to be used for an incompatible new purpose, the individual's explicit consent is obtained for this prior to processing, unless a relevant exemption applies.

4.8.2 Consent to new purposes

The PIMS shall incorporate procedures which ensure that any consent for new purposes is freely given and informed.

The PIMS shall incorporate procedures which ensure that:

a) positive indications of an individual's consent to the use of their personal information for a new purpose is obtained; and

b) records of the consent obtained for a new purpose are maintained.

4.8.3 Data sharing

The PIMS shall incorporate procedures which ensure that, where the organization shares personal information with another organization, the responsibilities of both parties with regard to the personal information are formally documented in a written agreement or contract as appropriate.

The PIMS shall incorporate procedures which ensure that, where the other organization will be using the personal information for its own purposes:

a) the written agreement or contract describes both the purposes for which the information may be used and any limitations or restriction on the further use of the personal information for other purposes; and

b) the other organization provides an undertaking or other evidence of its commitment to processing the information in a manner which will not contravene the DPA.

The PIMS shall incorporate procedures which ensure that, wherever possible, any new processing which involves the sharing of personal information with third parties is compatible with the organization's notification (see **4.6**) and with the terms of the privacy notice or online privacy statement [see **4.7.1**d)] provided to the individual.

Where this is not possible, the organization shall ensure that it has:

1) a legal basis for the data sharing; and

2) if required, the individual's consent to the data sharing.

Where data sharing with third parties is allowed without the consent of the individual, the PIMS shall incorporate procedures which ensure that an auditable record of the protocols and controls for this data sharing is documented.

Where data sharing with a third party is required, for example, by law, the PIMS shall incorporate procedures which ensure that the protocols and controls for the data sharing are documented.

4.8.4 Data matching

Where personal information is matched with other personal information to create, for example, an enhanced profile of an identifiable individual, the PIMS shall incorporate procedures which ensure that the matched personal information is only used for notified and compatible purposes, as required by law or where consent has been obtained.

4.9 Adequate, relevant and not excessive

Objective: To ensure that personal information is adequate, relevant and not excessive.

4.9.1 Adequacy

The PIMS shall incorporate procedures which ensure that the personal information collected by the organization is adequate for the organization's purposes.

The PIMS shall incorporate procedures for regular reviews of technology and processes involving the processing of personal information, which ensure that the information continues to be adequate for those purposes.

4.9.2 Relevant and not excessive

The PIMS shall incorporate procedures which ensure that:

a) the organization processes the minimum amount of personal information required to meet its legitimate purposes;

b) additional personal information which is not relevant or is excessive for the stated purposes is not processed, unless provision of this information is optional and only processed with the consent of the individual;

c) new systems and processes involving the processing of personal information are reviewed in order to ensure that the information being processed is relevant and not excessive.

Where it is not relevant or necessary to process personal information for the organization's purposes, the PIMS shall ensure that the personal information is not processed.

4.10 Accuracy

Objective: To ensure that personal information is accurate and, where necessary, kept up-to-date.

The PIMS shall incorporate procedures which ensure the maintenance of the integrity and accuracy of personal information being processed.

The PIMS shall incorporate procedures to allow individuals to challenge the accuracy of their personal information and to have it corrected where necessary. Where personal information is inaccurate and unable to be corrected, for example in relation to a historical record, the PIMS shall incorporate procedures for noting the reported inaccuracy and, where appropriate, the accurate personal information.

The PIMS shall incorporate procedures which check whether alleged inaccuracies are truly inaccurate.

The PIMS shall incorporate procedures which ensure that workers are informed of the importance of recording personal information accurately and of using only up-to-date personal information to make important decisions about individuals.

The PIMS shall incorporate procedures for:

a) informing any third party to whom the organization has passed inaccurate or out-of-date personal information that the information is inaccurate and/or out-of-date and is not to be used to inform decisions about the individuals concerned; and

b) passing any correction to the personal information to the third party where this is required.

The PIMS shall incorporate procedures for the review of new systems and processes involving the processing of personal information in order to:

1) confirm that these systems or processes prevent as far as possible the recording of inaccurate or out-of-date personal information, and

2) allow corrections to be made to inaccurate or out-of-date personal information.

4.11 Retention and disposal

Objective: To ensure that personal information is not kept for longer than is necessary.

The PIMS shall reference retention schedules for personal information which shall:

a) include any minimum retention periods required by law, as well as by the organization;

b) make clear the justification and basis for the retention periods; and

c) document any applicable justification for retaining personal information for a longer period than the stated minimum retention period, e.g. where it might be retained for historical and/or research purposes.

The PIMS shall incorporate procedures for the implementation of the retention schedules and the communication of the schedules to all relevant workers.

The PIMS shall incorporate procedures which ensure that personal information no longer required by the organization is disposed of.

The PIMS shall incorporate or reference disposal procedures which are managed:

1) using approved processes;

2) with a level of security appropriate to the sensitivity of the personal information; and

3) in line with the organization's information security risk assessment.

NOTE In some instances, it might be appropriate to dispose of the personal information by transferring it for permanent preservation to an archiving facility.

4.12 Individuals' rights

Objective: To ensure that procedures are in place to enable the rights of individuals to be respected.

4.12.1 Rights of individuals

The PIMS shall include procedures which ensure that individuals' rights in relation to their personal information are respected and that requests to exercise such rights are dealt with within any statutory time limits.

NOTE Such rights include access to information, objection to processing, and review of automated processing.

4.12.2 Complaints and appeals

The PIMS shall incorporate a complaints procedure which ensures that complaints about the processing of personal information are handled correctly. This shall include procedures for considering appeals by individuals about the way their complaints have been handled.

4.13 Security issues

Objective: To ensure that personal information is protected against loss or damage and unauthorized or unlawful processing by the implementation of appropriate technical and organizational security measures.

4.13.1 Security controls

The PIMS shall specify security controls as appropriate:

a) to the type of personal information being processed; and

b) to the risk of damage or distress to the individuals if the information is compromised (see **4.4**).

*NOTE 1 The risk assessment (**4.4**) will establish an appropriate level of control. Over-specifying security requirements can be as damaging as under-specifying.*

Where high-risk personal information (see **4.2.2**) is processed, the PIMS shall ensure that the security measures specified and implemented are appropriate to the assessed risks, and that they remain so.

NOTE 2 Where appropriate, the organization may wish to consider compliance with BS ISO/IEC 27001. Certification to BS ISO/IEC 27001 by an external body in order to demonstrate compliance is also a possibility.

4.13.2 Storage and handling

The PIMS shall incorporate procedures which ensure that personal information is stored and handled securely, with precautions appropriate to its confidentiality and sensitivity.

NOTE Particular attention should be paid to storage of personal information on media and portable devices, such as backup tapes, removable USB drives, removable hard drives, laptops and hand-held devices.

4.13.3　Transmission

The PIMS shall incorporate procedures which ensure that, where personal information is transferred electronically or manually within the organization or to other organizations, this transmission is secured by appropriate means defined by the organization in order to safeguard the information during transfer.

4.13.4　Access controls

The PIMS shall incorporate procedures which ensure that, where access by workers to personal information is allowed, this access is restricted to those workers who require such access as part of their role.

The PIMS shall incorporate procedures which ensure that it is made clear to workers that, where access is legitimately granted, this is for work purposes only and information should only be accessed for legitimate purposes.

Where high-risk personal information is processed (see **4.2.2**), the PIMS shall incorporate procedures which ensure that access controls reflect the sensitivity of this information.

The PIMS shall incorporate procedures which ensure that all accesses to personal information are monitored and assessed in line with the organization's information security risk assessment.

4.13.5　Security assessments

The PIMS shall incorporate procedures which ensure that security assessments are routinely undertaken.

These assessments shall establish whether existing security controls are adequate and make recommendations for improvements where necessary.

These assessments shall take into account the risk of harm, damage and/or distress to individuals in the event of a security incident.

4.13.6　Managing security incidents

The PIMS shall incorporate procedures:

a) which assess and manage security incidents involving personal information, including procedures to mitigate the damage caused by any security incident;

b) for documenting each security incident, including an assessment of how the incident occurred, what corrective action was taken, and what can be learned from the incident;

c) for making decisions as to whether or not a security incident is referred to a relevant regulator [for example, the Information Commissioner or the Financial Services Authority (FSA)] or notified to the individuals; and

d) for keeping records of any such referrals and notifications issued.

4.14 Transfer of personal information outside the EEA

Objective: To ensure an adequate level of protection where personal information is transferred or processed outside the EEA.

Where the organization transfers personal information outside the EEA, the PIMS shall incorporate procedures for ensuring that the rights of the individuals are protected, for example:

a) by including within contracts conditions which ensure the protection of the information and the processing, e.g. using model contracts, and/or putting in place an internal binding corporate rule (BCR);

b) in the case of a transfer to the United States, by establishing whether the organization to which the personal information is to be transferred has certified its compliance with the US Federal Trade Commission as being compliant with the Safe Harbor principles;

c) by establishing whether the country or territory has been assessed by the European Commission as providing adequate protection; and d) where the processing is to be performed by another organization, by carrying out due diligence on that other organization.

The PIMS shall incorporate procedures for ensuring that the worker(s) responsible and accountable for compliance with data protection legislation and good practice (see **4.1.2**) reviews all new initiatives involving the transfer of personal information outside the EEA. This review shall establish whether adequate protection can be provided for such transfers.

The PIMS shall incorporate procedures for ensuring that subcontractors based outside the EEA who process personal information on behalf of the organization operate model contracts as required by the European Commission for ensuring adequate protection for personal information, unless other adequate procedures have been agreed to protect the personal information.

4.15 Disclosure to third parties

Objective: To ensure that disclosures to third parties are managed in compliance with data protection legislation and good practice.

The PIMS shall incorporate procedures which ensure that third parties provide evidence of:

a) their right to access the personal information; and

b) where necessary, their identity.

The PIMS shall incorporate procedures which ensure that a check is made to ensure that there are legal grounds for disclosing any information to a third party. Only the minimum amount of personal information necessary shall be disclosed to third parties.

The PIMS shall incorporate procedures for the maintenance of records of disclosures of personal information. These records shall demonstrate that disclosure was lawful and shall enable the organization to keep track of where personal information has been disclosed.

NOTE Where access to personal information by third parties is granted under legislation such as the Freedom of Information Act 2000 [3], verification of identity and minimization of the information disclosed might not be necessary.

4.16 Sub-contracted processing

Objective: To ensure that personal information processed by another organization on behalf of the organization is managed in compliance with data protection legislation and good practice.

The PIMS shall incorporate procedures which ensure that, where information is processed on its behalf by another organization(s):

a) the organization selects only other organizations that can provide technical, physical and organization security which meet the requirements of the organization for all the personal information they process on its behalf;

b) an assessment of appropriate security is undertaken as part of due diligence before another organization is engaged and, if deemed necessary because of the nature of the personal information to be processed or because of the particular circumstances of the processing, an audit of the other organization's security arrangements is conducted before entering into the contract;

c) once the other organization has been selected, the organization puts in place a written agreement to provide the service as specified and requiring the other organization to provide appropriate security for the personal information which it will process;

d) the contract with the other organization enables regular audits of the other organization's security arrangements during the period in which the other organization has access to the personal information;

e) the other organization is under a contractual obligation to obtain the organization's permission to use further subcontractors to process the personal information;

f) contracts with subcontractors of the other organization require the subcontractors to comply with at least the same security and other provisions as the other organization; and

g) contracts with the other organization(s) (which are flowed down to any subcontractors) specify that, when the contract is terminated, related personal information will either be destroyed or passed to the organization or to another organization as specified by the organization.

4.17 Maintenance

The PIMS shall incorporate procedures which ensure that procedures and technology components are maintained to ensure their correct and appropriate functioning. These procedures shall ensure that such maintenance is planned and performed on a regular, scheduled basis.

5 Monitoring and reviewing the PIMS

Objective: To ensure that the effectiveness and efficiency of the PIMS is monitored and reviewed.

5.1 Internal audit

5.1.1 Audit planning

An audit programme which monitors and reviews the effectiveness and efficiency of the processing of personal information by the organization shall be planned, established and maintained, taking into account the policy.

The audit programme shall explicitly include any processing of high-risk personal information (see **4.2.2**) and shall include any processing of personal information by other organizations (see **4.16**).

5.1.2 Selection of auditors

The objectivity and the impartiality of the audit program shall be ensured by the appropriate selection of auditors and the conduct of audits.

*NOTE Regular audits by external parties should be considered by larger organizations and those processing high-risk personal information (see **4.2.2**).*

5.1.3 Audit requirements

Audits shall be conducted at planned intervals to determine whether the PIMS:

a) is operating in accordance with the policy and established procedures; and

b) has been implemented and maintained in accordance with technology requirements.

Audit reports detailing any significant departure from the policy and/or established procedures shall be provided to management.

Audit reports shall also identify issues related to technology or processes which could affect compliance with the policy.

5.2 Management review

A management review of the PIMS shall be carried out at regular, scheduled intervals, and when major changes take place, to ensure the system's continuing suitability, adequacy and effectiveness.

The management review shall be based on:

a) feedback from users of the PIMS;

b) risks identified and escalated by workers;

c) results of audits;

d) records of procedural reviews;

e) results of technology upgrades and/or replacements;

f) formal requests for assessment by regulatory bodies;

g) complaints handling; and

h) breaches/security incidents that have occurred.

The management review shall provide detailed information regarding potential changes to the PIMS by, for example, identifying modifications to policy, procedures and/or technology that might affect compliance.

Where major changes in the PIMS are implemented, an audit shall be completed as soon as possible after implementation.

6 Improving the PIMS

Objective: To improve the effectiveness and efficiency of the PIMS by the implementation of corrective actions.

6.1 Preventive and corrective actions

6.1.1 General

The organization shall improve the PIMS through the application of preventive and corrective actions.

All proposed changes and/or improvements shall be assessed prior to implementation to ensure that the requirements of the policy are met.

Changes that could affect the ability to demonstrate compliance with data protection legislation and good practice (such as the conversion of personal information to a new storage file format) shall be reviewed to determine whether they affect compliance.

Changes arising from preventive and corrective actions shall be documented and retained in accordance with the retention schedule.

6.1.2 Preventive actions

The organization shall take action to guard against potential nonconformities in order to prevent their occurrence. A procedure shall be established for:

a) identifying potential nonconformities and their causes;

b) determining and implementing preventive action needed;

c) recording results of, and reviewing, action taken;

d) identifying changed risks; and

e) ensuring that all those who need to know are informed of the potential nonconformity and the preventive action put in place.

6.1.3 Corrective actions

Where a nonconformity is identified, a procedure shall be established for reviewing each nonconformity and, based on a risk assessment, either:

a) eliminating the cause of the nonconformity;

b) reducing the level of nonconformity; or

c) where the risk assessment determines that a reduction in the level of nonconformity is not warranted, documenting this position in detail.

The risk assessment shall be conducted at regular intervals to determine whether the position has changed and the nonconformity needs to be rectified (see **4.4**).

The organization shall ensure that all newly identified risks to personal information (either from within the organization or in the wider national perspective) are assessed using proactive procedures such as privacy impact assessments.

6.2 Continual improvement

The organization shall continually improve the effectiveness of the PIMS through the audit results, preventive and corrective actions, and management review.

Complaints, security incidents, subject access requests and other issues shall be used as an aid to improving the effectiveness of the PIMS.

Annex A (informative) The Plan–Do–Check–Act (PDCA) cycle

This British Standard applies the "Plan–Do–Check–Act" (PDCA) cycle to establishing, implementing, operating, monitoring, exercising, maintaining and improving the effectiveness of the organization's PIMS. This ensures a degree of consistency with other management system standards, thereby supporting consistent and integrated implementation and operation with related management systems.

Other management system standards include:

· BS EN ISO 9001 (Quality Management Systems);

· BS EN ISO 14001 (Environmental Management Systems);

· BS ISO/IEC 27001 (Information Security Management Systems);

· BS ISO/IEC 20000 (IT Service Management).

Figure A.1 illustrates how a PIMS takes as inputs the various requirements of this British Standard and, through the necessary actions and processes, produces data protection outcomes (i.e. managed personal information) that meet those requirements.

Figure A.1 **PDCA cycle applied to the management of personal information**

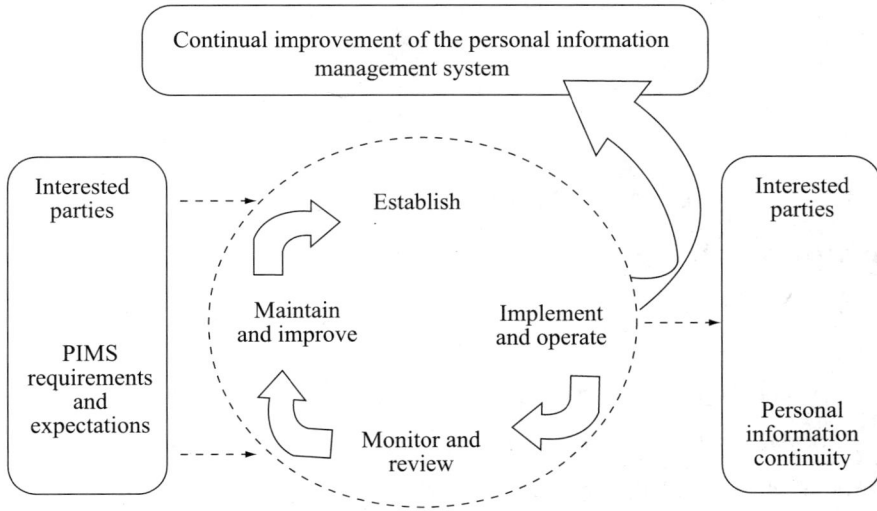

Plan	To plan for the implementation of a PIMS	Clause 3
Do	To implement and operate the PIMS	Clause 4
Check	To monitor and review the PIMS	Clause 5
Act	To improve the PIMS	Clause 6

Bibliography

Standards publications

For dated references, only the edition cited applies. For undated references, the latest edition of the referenced document (including any amendments) applies.

BS EN ISO 9000:2005, *Quality management systems – Fundamentals and vocabulary*

BS EN ISO 9001, *Quality management systems – Requirements*

BS EN ISO 14001:2004, *Environmental management systems –Requirements with guidance for use*

BS ISO/IEC 20000, *Information technology – Service management –Code of practice*

BS ISO/IEC 27001, *Information technology – Security techniques –Information security management systems – Requirements*

BIP 0012, *Data Protection: Guide to practical implementation*

European Standards Committee CEN/ISSS Personal data protection audit framework

Other publications

[1] GREAT BRITAIN. Data Protection Act 1998, London: The Stationery Office. 1998.

[2] PARLIAMENT AND COUNCIL OF THE EUROPEAN COMMUNITY. Directive 95/46/EC of the European Parliament and of the

Council of 24 October 1995 on the protection of individuals with regard to the processing of personal data and on the free movement of such data. *OJ L 281, 23.11.1995, p. 31–50 (ES, DA, DE, EL, EN, FR, IT, NL, PT, FI, SV).*

[3] GREAT BRITAIN. Freedom of Information Act 2000, London: The Stationery Office. 2000.

[4] INFORMATION COMMISSIONER'S OFFICE.[1] *Data Protection Technical Guidance: Determining what information is 'data' for the purposes of the DPA.* 2009.

[5] INFORMATION COMMISSIONER'S OFFICE. *Data Protection Technical Guidance: Determining what is personal data.* 2007.

[6] INFORMATION COMMISSIONER'S OFFICE. *Data Protection Audit Manual.* 2001.

[7] INFORMATION COMMISSIONER'S OFFICE. *Data Protection Act 1998: Legal Guidance.*

[8] PARLIAMENT AND COUNCIL OF THE EUROPEAN COMMUNITY. Directive 2006/24/EC of the European Parliament and of the Council of 15 March 2006 on the retention of data generated or processed in connection with the provision of publicly available electronic communications services or of public communications networks and amending Directive 2002/58/EC. *OJ L 105, 13.4.2006, p. 54–63 (ES, CS, DA, DE, ET, EL, EN, FR, IT, LV, LT, HU, MT, NL, PL, PT, SK, SL, FI, SV).*

1　This and the other Information Commissioner's Office (ICO) documents in this bibliography, together with urther guidance on fair processing, privacy notices, data security breach management and the notification of such breaches, etc., are available on the ICO's website: http://www.ico.gov.uk/